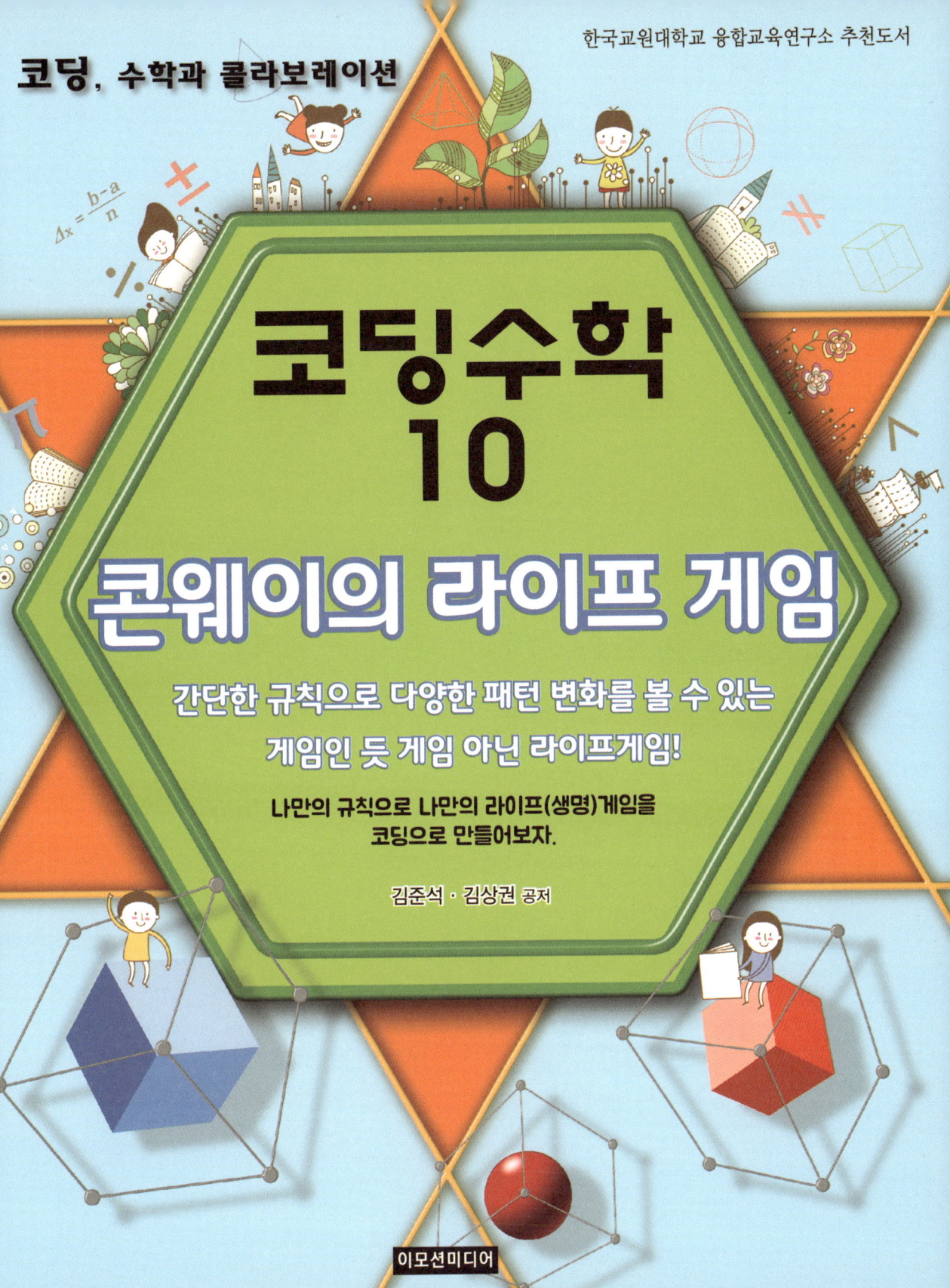

저자 김준석

- 고려대학교 수학교육과 졸업(1995년, 이학학사)
- 서울대학교 수학과 대학원 졸업(1997년, 이학석사)
- University of Minnesota 수학과 대학원 졸업(2002년, 이학박사: 응용수학, Computational Fluid Dynamics, 과학계산 전공)
- University of California, Irvine 수학과(2002년-2006년, 박사후연구원)
- 동국대학교 수학과(2006년-2007년, 조교수)
- 고려대학교 수학과(2008년-현재, 교수)
- 다양한 주제를 바탕으로 교육 및 연구 프로젝트를 수행하고 다수의 논문과 저서를 공동연구자들과 같이 발표

cfdkim@korea.ac.kr
http://math.korea.ac.kr/~cfdkim

**코딩수학 10
콘웨이의 라이프 게임**

초판인쇄	2020년 3월 1일
초판발행	2020년 3월 1일
지은이	김준석, 김상권
펴낸곳	이모션미디어
주소	서울시 중구 퇴계로 213 일흥빌딩 408호
등록	2016년 10월 1일 제571-92-00230호
전화	02)381-0706 | 팩스 02)371-0706
이메일	emotion-books@naver.com
홈페이지	www.emotionbooks.co.kr

ISBN 979-11-89876-24-1
　　　 979-11-88145-12-6
값 15,000원

이 도서의 국립중앙도서관 출판예정도서목록(CIP)은 서지정보유통지원시스템 홈페이지(http://seoji.nl.go.kr)와 국가자료공동목록시스템(http://www.nl.go.kr/kolisnet)에서 이용하실 수 있습니다. (CIP제어번호 : CIP2020004732)

이 책은 저작권법으로 보호받는 저작물입니다.
이 책의 내용을 전부 또는 일부를 무단으로 전재하거나 복제할 수 없습니다.
파본이나 잘못된 책은 바꿔드립니다.

머리말

라이프 게임은 영국의 수학자 존 호튼 콘웨이가 고안해낸 세포 자동자 게임이다. 바둑판같은 격자 위에서 한 칸에 한 개씩 있는 세포들의 생성과 소멸이 진행되는 게임이다. 단순한 규칙을 가지고 있지만 다양한 패턴을 생성한다. 직접 코딩을 해서 나만의 라이프 게임을 만들어 보자.

키워드 : 라이프 게임, 세포 자동자

차 례

Contents

Chapter 1
- 옥타브 설치 및 시작 방법 … 5
- 프로그램을 다운로드 해보자 … 7
- 프로그램을 설치해보자 … 11
- 이 책에서 사용하는 옥타브 문법 … 26

Chapter 2
- 라이프 게임 기초 예제 … 59
- 라이프 게임(Game of Life)이란 무엇인가? … 61
- 라이프 게임의 규칙 … 64
- 예제를 통해 직접 체험 해보자. … 65
- 여러 패턴 예제 … 66
- 옥타브 코드를 작성해보자. … 67
- 랜덤 초깃값을 갖는 예를 살펴보자 … 95

Chapter 3
- 라이프 게임 3D … 101
- 3D 라이프 게임의 규칙 … 103
- 참고문헌 … 115

목표: 단순한 규칙으로 다양한 패턴을 생성하는
      라이프 게임을 코딩 해보자.

프로그램의 특성상 업그레이드될 경우에는 프로그램 설치 및 명령문이 업데이트되거나 변경될 경우도 있습니다. 업데이트 정보나 이 책에 사용한 프로그램 코드를 다운로드하기를 원하실 때는 코딩수학 홈페이지(http://elie.korea.ac.kr/~cfdkim/)를 방문하세요.

책 내용에 대해서 질문이나 조언이 있는 경우 이메일로(cfdkim@korea.ac.kr)로 문의해주시면 감사하겠습니다.

코딩수학 10

옥타브 설치 및 시작 방법

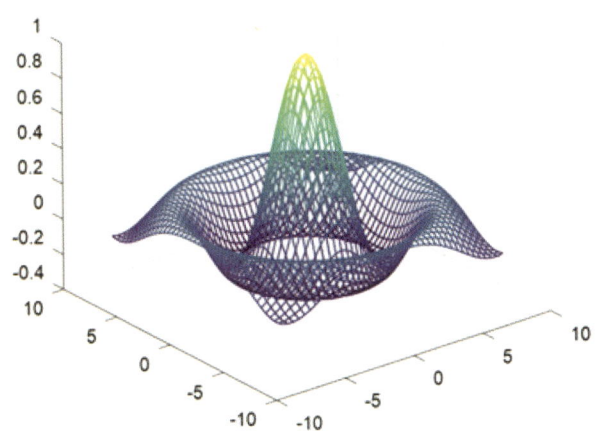

프로그램을 다운로드 해보자

1. 프로그램 다운로드

1.1 하단의 옥타브(Octave) 홈페이지에
   https://www.gnu.org/software/octave/
   접속하여 Download 버튼을 클릭한다.

1.2 Download를 클릭하면 기본 화면이 GNU/Linux로 세팅이
   되어있을 것이다.

Install

Source   GNU/Linux   macOS   BSD   Windows

Executable versions of GNU Octave for GNU/Linux systems are provided by the individual distributions. Distributions known to package Octave include Debian, Ubuntu, Fedora, Gentoo, and openSUSE. These packages are created by volunteers. The delay between an Octave source release and the availability of a package for a particular GNU/Linux distribution varies.

1.3 본인의 PC에 맞는 운영체제를 선택한다. 윈도우즈의 경우 Windows 버튼을 클릭하면 다음 화면이 나온다.

Install

Source   GNU/Linux   macOS   BSD   Windows

Note: All installers below bundle several **Octave Forge packages** so they don't have to be installed separately. After installation type `pkg list` to list them. Read more.

- Windows-64 (recommended)

    ○ octave-5.1.0-w64-installer.exe (~ 286 MB) [signature]
    ○ octave-5.1.0-w64.7z (~ 279 MB) [signature]
    ○ octave-5.1.0-w64.zip (~ 490 MB) [signature]

- Windows-32 (old computers)

    - octave-5.1.0-w32-installer.exe (~ 275 MB) [signature]
    - octave-5.1.0-w32.7z (~ 258 MB) [signature]
    - octave-5.1.0-w32.zip (~ 447 MB) [signature]

- Windows-64 (64-bit linear algebra for large data)
  Unless your computer has more than ~32GB of memory **and** you need to solve linear algebra problems with arrays containing more than ~2 billion elements, this version will offer no advantage over the recommended Windows-64 version above.

    - octave-5.1.0-w64-64-installer.exe (~ 286 MB) [signature]
    - octave-5.1.0-w64-64.7z (~ 279 MB) [signature]
    - octave-5.1.0-w64-64.zip (~ 490 MB) [signature]

1.4 최신 버전의 "파일 이름.exe"로 된 파일을 선택해서 다운로드한다. 이때, PC가 32비트인지 64비트인지 확인해서 컴퓨터가 32비트이면 *w32*가 있는 파일을 다운로드하고 64비트이면 *w64*가 있는 파일을 다운로드한다. 이 책의 경우 "octave-5.1.0-w64-installer.exe"를 다운로드해 사용했다. 만약, 독자의 컴퓨터가 32비트 시스템이라면, "octave-5.1.0-w32-installer.exe"를 다운로드해서 사용하자.

* 내 컴퓨터가 32비트인지 64비트인지 확인하는 방법

    내 컴퓨터 아이콘  위에 커서를 두고, 마우스 오른쪽을 클릭하여 속성으로 들어가면 시스템 종류를 확인할 수 있다.

10 코딩수학 10 콘웨이의 라이프 게임

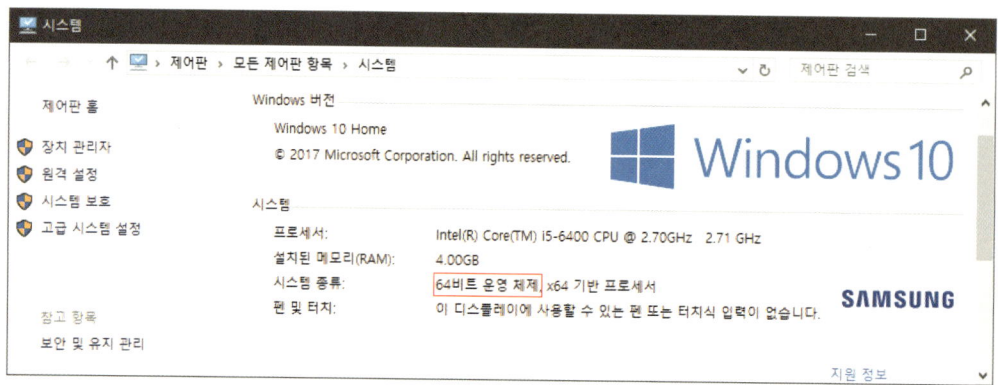

프로그램을 설치해보자

2. 설치

2.1. 다운로드한 파일 ("octave-5.1.0-w64-installer.exe")을 더블클릭하여 실행한다.

2.2. 프로그램 설치가 컴퓨터의 운영시스템을 완전히 테스트 하지 않았다는 경고 메시지이다. '예(Y)'를 클릭하여 다음 단계로 넘어가자.

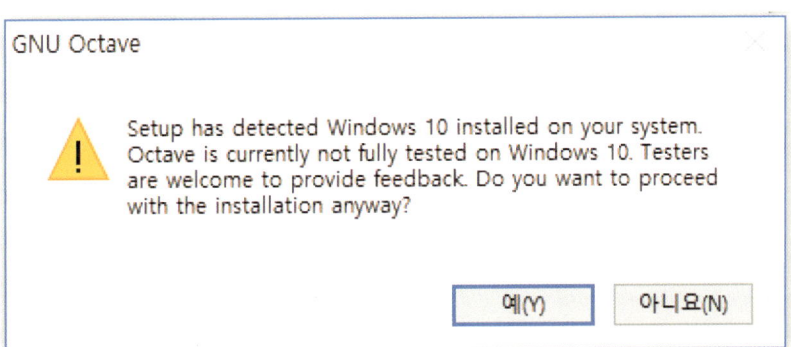

다음 경고 메시지는 Java Runtime Environment가 기존에 설치되지 않았다는 것이다. '예(Y)'를 클릭하여 다음 단계로 넘어가자.

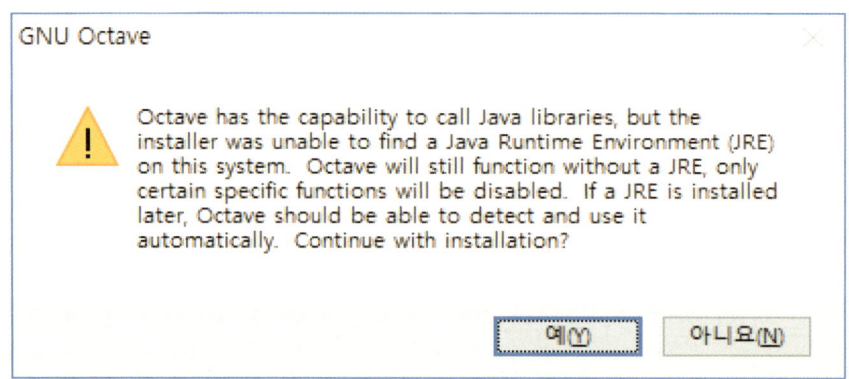

2.3 이제 본격적으로 Octave 설치가 된다. 'Next >'를 클릭하여 다음 단계로 넘어가자.

2.4 프로그램 라이센스에 관한 내용이다. 'Next >'를 클릭하여 다음 단계로 넘어가자.

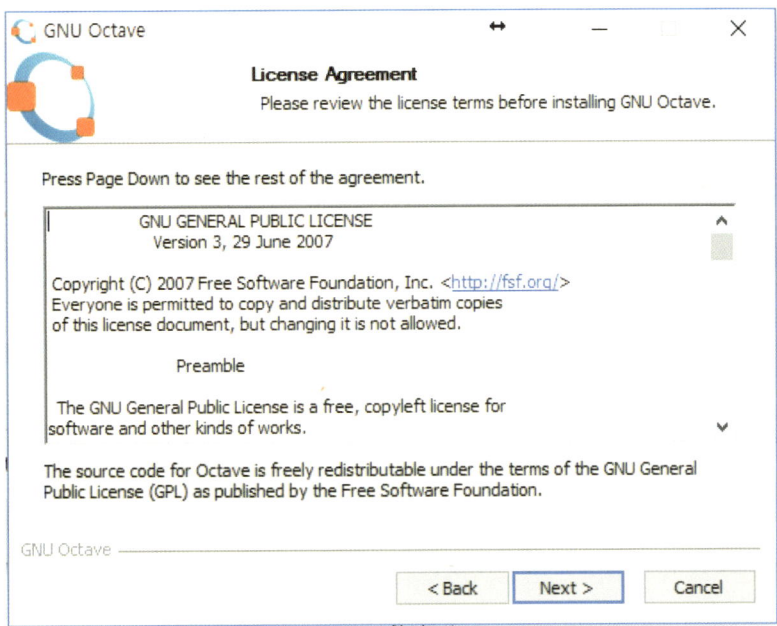

2.5 프로그램 설치에 관한 옵션 선택이다. 기본 값으로 두고, 'Next >'를 클릭하여 다음 단계로 넘어가자.

2.6 프로그램 설치 위치를 정하는 창이다. 기본 설정으로 두고 'Install'을 클릭하여 설치하자.

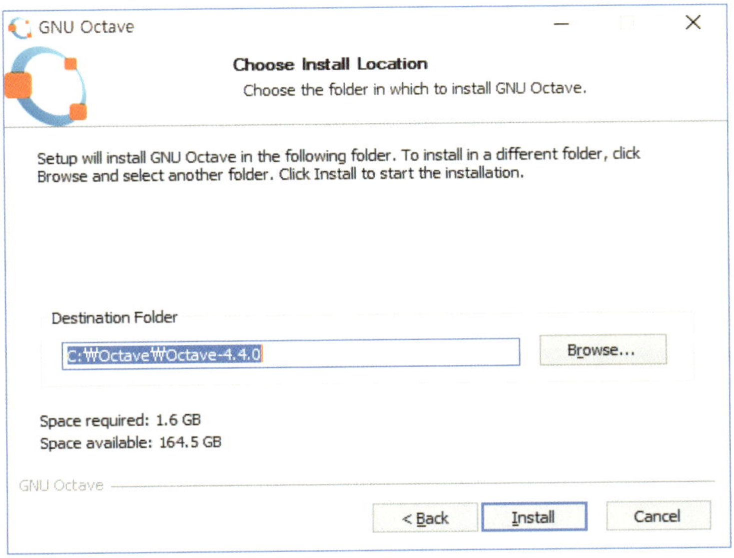

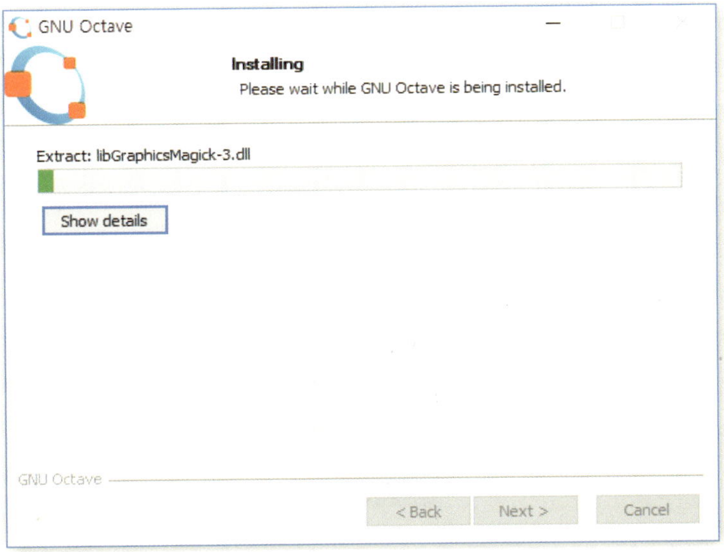

2.7 다음과 같은 화면이 나올 경우, 정상적으로 설치가 완료된 것이다. 'Finish'를 클릭하여 설치를 종료하자.

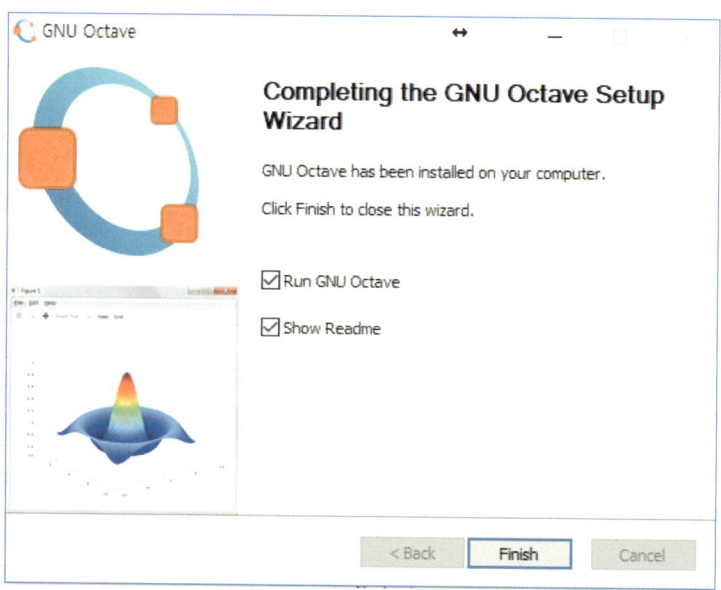

2.8 초기 설정

프로그램 설치를 마치면 Octave 프로그램이 실행되지만 종료하고 다시 시작하자. 바탕화면을 보면 다음과 같은 Octave GUI 아이콘이 있다. 더블클릭하여 프로그램을 실행하자.

초기 설정은 최초에 한 번만 실행하게 된다. 'Next >'를 클릭하여 다음 단계로 넘어가자.

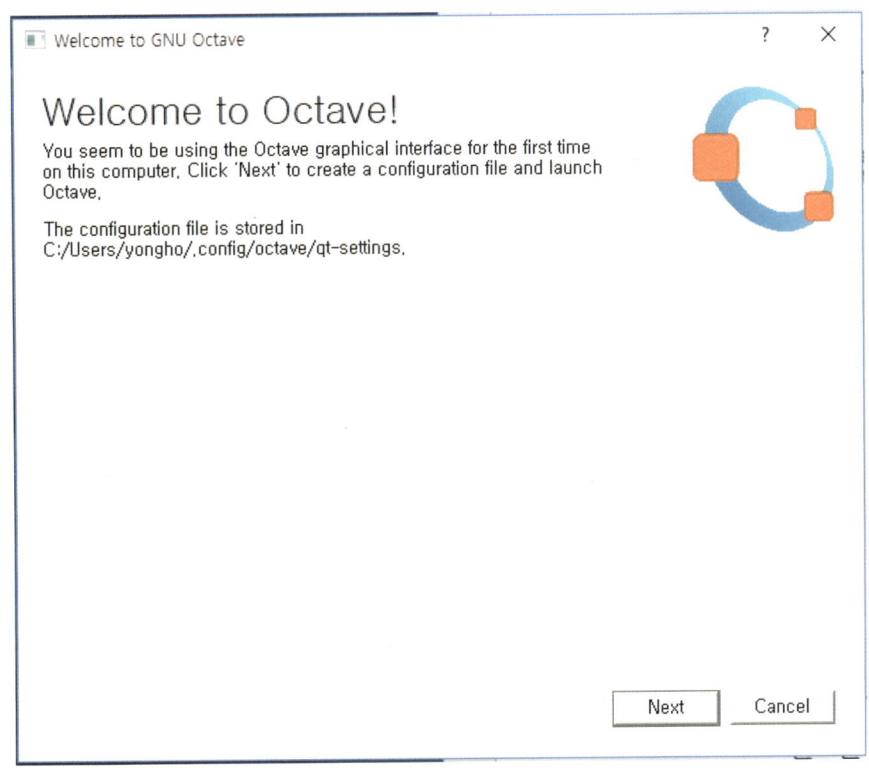

18 코딩수학 10 콘웨이의 라이프 게임

'Next >'를 클릭하여 다음 단계로 넘어가자.

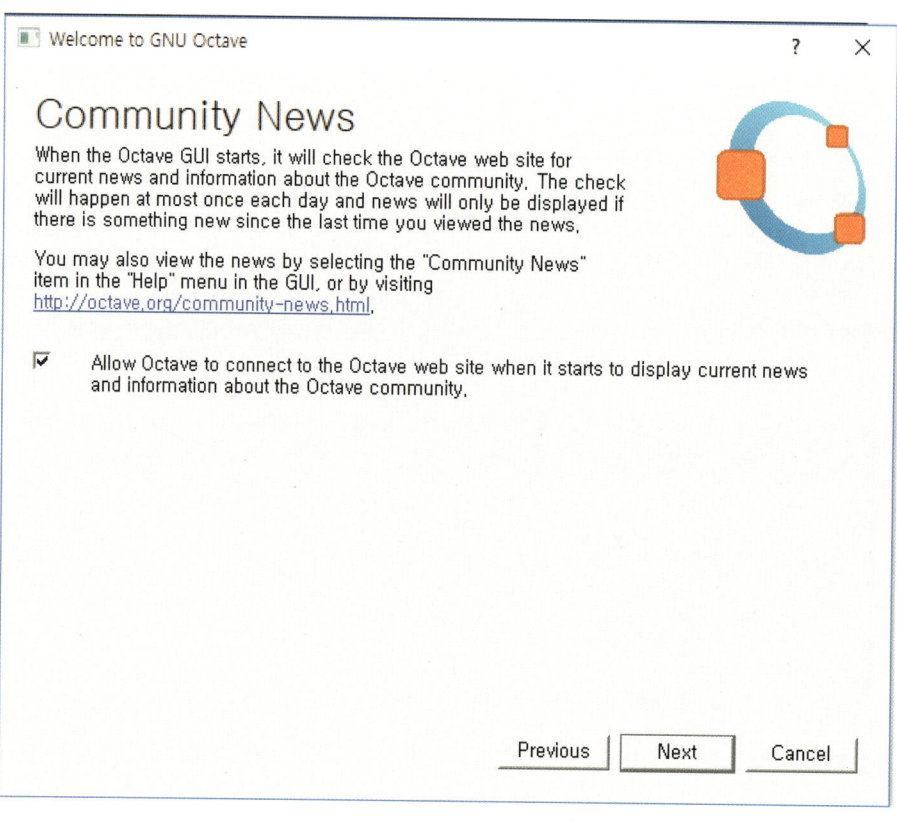

'Finish'를 클릭하여 기본 설정을 완료한다.

Octave 프로그램을 실행하면 다음 그림과 같은 화면이 나올 것이다.

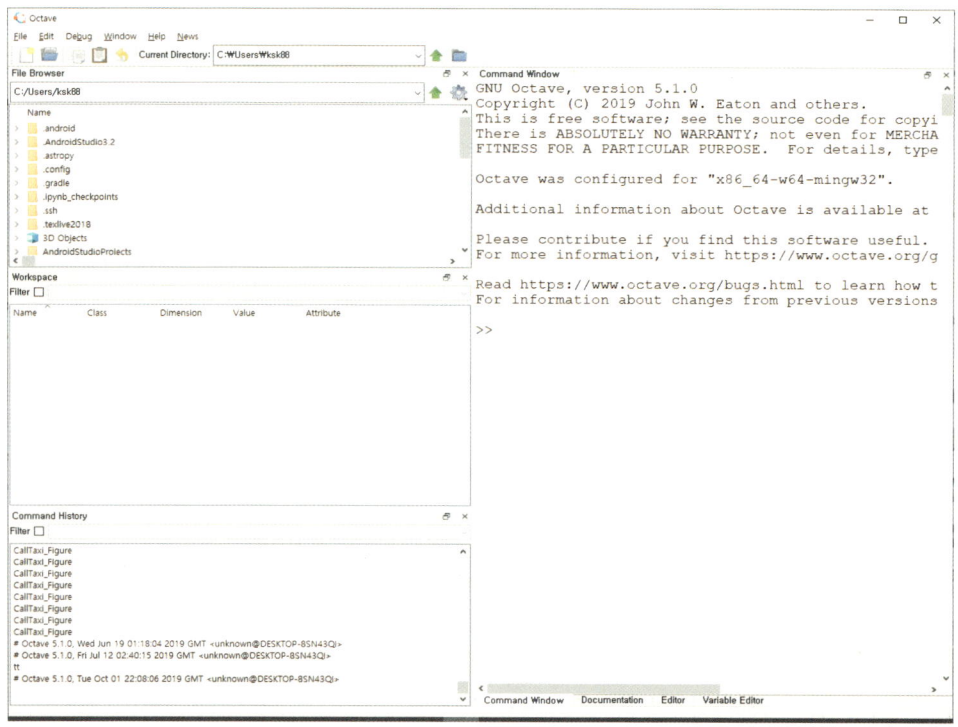

현재 화면을 Command Window(명령문 창)라고 한다. 이 창에는 간단한 명령어를 입력하여 실행할 수 있다.

2.9 간단한 명령어 실행하기(command window)

아래 그림과 같이, 3+5를 입력하고 Enter 키를 누르면 ans = 8 이라는 결과를 얻는다. 한 번 따라 해 보자.

하지만, 여러 명령문을 동시에 실행하고 싶다면, 'Editor'를 이용하자. 프로그램 하단 메뉴 바에 두 번째 'Editor' 탭을 클릭해보자.

2.10 m-file 생성 및 실행(editor)

Editor 창에서 3+5를 입력하고 버튼 를 클릭하면

파일을 다른 이름으로 저장하라는 메시지가 나온다. 이때 꼭 파일 이름은 영문자로 시작하고 파일 확장자는 ".m"으로 정한다. 예를 들면, "test.m"처럼 저장되어야 한다.

옥타브 설치 및 시작 방법   23

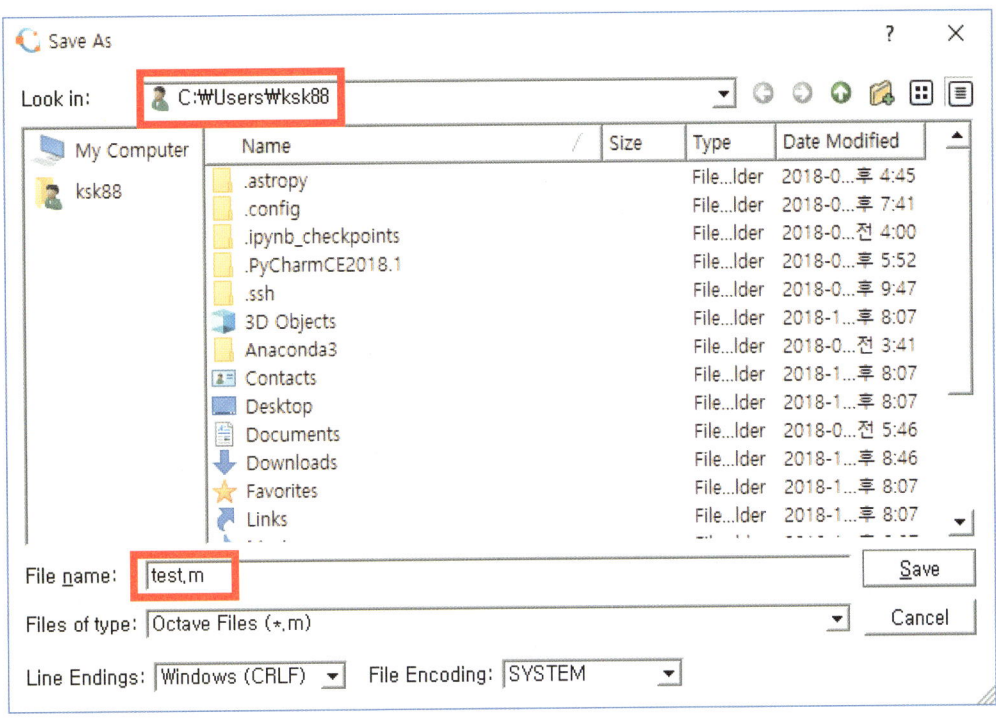

아래와 같은 창이 뜨면 'Change Directory'를 클릭한다.

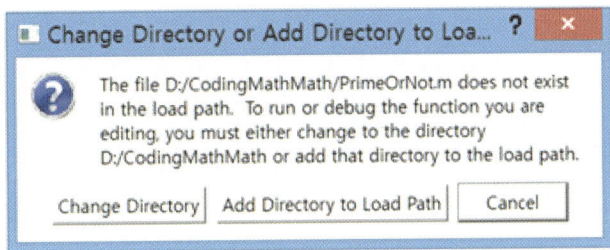

이제 결과를 명령문 창(Command Window)에서 확인해 보면 다음과 같을 것이다.

```
Command Window
FITNESS FOR A PARTICULAR PURPOSE.  For deta

Octave was configured for "x86_64-w64-mingw

Additional information about Octave is avai

Please contribute if you find this software
For more information, visit https://www.oct

Read https://www.octave.org/bugs.html to le
For information about changes from previous

warning: function .\test.m shadows a core l
>> 3+5
ans =  8
>> test

ans =  8
>> |
```

[참고 사항]

* 현재 스크립트 작성 파일 경로에 한글 폴더명은 사용할 수 없다. 옥타브는 한글을 인식하지 못해 경로에 한글이 있으면 스크립트를 실행할 수 없다.
* error: 'm-file name' undefined near line 1 column 1 이러한 유형의 에러가 발생하여, 프로그램이 실행이 안 될 때 명령문 창에 다음을 입력하고 'Enter' 키를 누른다.

addpath(pwd)

이것은 현재 폴더를 프로그램 실행 경로로 포함한다는 명령어이다.
* 모르는 error가 발생하면 옥타브를 종료하고 옥타브 프로그램을 다시 시작한다.
* 프로그램 실행 중 강제 종료를 하고 싶을 때에는 명령문창을 마우스로 클릭한 후에 Ctrl 키를 먼저 누른 상태에서 C 키를 누른다.
* 코딩할 때 프로그램 코드를 하나하나 직접 입력해서 실행하는 것은 매우 중요한 과정이다. 때로는 오타로 인해 프로그램 오류가 날 수도 있지만 오류를 찾으면서, 프로그램 기술을 많이 배우는 기회를 얻게 될 것이다.

이 책에서 사용하는 옥타브 문법

코드명: Clear.m

```
a=1
clear
a
```

코드설명

% 선언된 모든 변수를 삭제하고자 할 때, 'clear'을 사용하여 모든 변수를 삭제한다.
a=1
% 임의의 변수 선언 및 출력
clear
% 모든 변수 삭제
a
% 변수 a에 할당 된 데이터 출력. 변수 a가 선언 되어 있지 않으면 경고 메시지 'error: 'a' undefined'가 표시됨

명령문 창 결과

```
>> Clear
a = 1
error: 'a' undefined near line 3 column 1
error: called from
    Clear at line 3 column 1
```

코드명: Clf.m

```
x=0:20;
y=x;
plot(x,y)
clf
```

코드설명

% Figure 창에 그려진 그래프를 모두 지우고자 할 때, 'clf'를 사용하여 그래프를 지운다.
x=0:20;
% 임의의 벡터 선언
y=sin(x);
% 변수 y에 x 값을 할당
plot(x,y)

```
%  벡터 x에 대한 벡터 y를 그리기
clf
% Figure1 창에 그려진 그래프를 모두 지움
```

결과

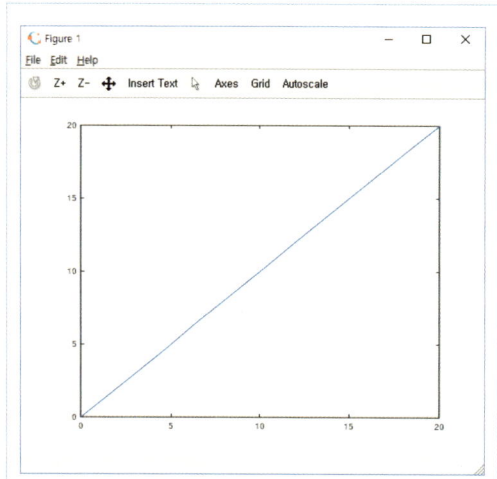
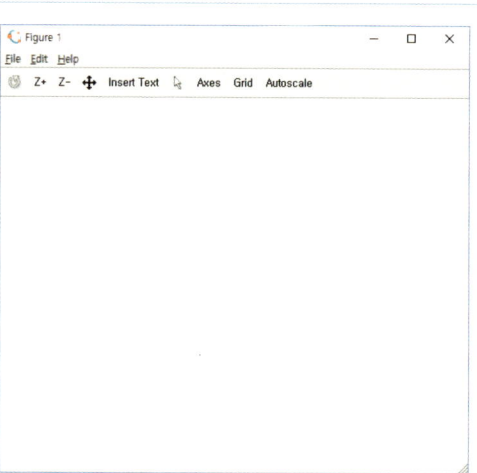

코드명: Comment.m

```
a=1
%b=2
c=3
```

코드설명

% Editor 창에서 코딩 하면서 간단히 메모를 해두고 할 때, 메모의 앞에 '%'를 붙이면 코드를 실행 결과에 어떠한 영향을 주지 않는다. 단, 주석은 한 줄 단위로 인식한다.
a=1
% 임의의 변수 선언 및 출력
%b=2
% 주석, 어떠한 영향을 주지 않음.
c=3
% 임의의 변수 선언 및 출력

결과

```
>> Comment
a =   1
c =   3
```

참고 사항 1

옥타브를 이용하다 보면 내장 함수들의 사용법과 옵션 대해 알고 싶을 때, 명령문 창에 다음과 같이 입력하면 알 수 있다.
- 간단한 설명 : help 명령어
- 자세한 설명 : doc 명령어

참고 사항 2

```
i =    28
i =    29
-- less -- (f)orward, (b)ack, (q)uit
```

옥타브를 이용하여 코딩을 하다 보면 명령 창(Command Window)에 위와 같이 나타날 때가 있다. 이 현상은 명령 창에 현재 출력 된 결과 이후에 더 출력할 것인지(forward) 혹은 이전에 출력된 결과로 돌아갈 것인지(back) 그렇지 않고 출력을 멈출 것인지(quit)에 대한 알림이다. 이런 현상이 나타났을 때에는 다른 추가 작업을 하지 않고 이 현상을 먼저 해결해주어야 한다. 해결 방법은 괄호 안에 철자를 명령 창에 입력하면 된다.

코드명: Variable.m

a=1
b=0.5

코드설명

a=1
% 변수 a에 1을 할당 및 출력(명령어 끝에 세미콜론(;)을 입력하지 않으면 명령 창에 출력이 된다.)
b=0.5;
% 변수 b에 0.5를 할당

명령문 창 결과

\>> Variable
a = 1

코드명: Vector.m

a=[1 2 3]
b=[1;2;3]

코드설명

a=[1 2 3]

% 변수 a에 1×3 벡터 [1 2 3]를 할당

b=[1;2;3]

% 변수 b에 3×1 벡터 $\begin{bmatrix}1\\2\\3\end{bmatrix}$를 할당

명령문 창 결과

```
>> Vector
a =
    1   2   3
b =
    1
    2
    3
```

코드명: Reallocation.m

a=[1 2 3;4 5 6]
a(2,2)=9

코드설명

```
a=[1 2 3;4 5 6]
%  행렬 선언
a(2,2)=9
%  변수 a의 (2,2)번째 원소를 9로 재 할당
```

명령문 창 결과

```
>> Reallocation
a =
   1   2   3
   4   5   6
a =
   1   2   3
   4   9   6
```

코드명: Arithmetic_operator.m

```
a=2; b=3;
Subtraction=a-b
Multiplication=a*b
```

코드설명

```
a=2; b=3;
%  임의의 변수 선언
Subtraction=a-b
%  뺄셈 연산
Multiplication=a*b
%  곱셈 연산
```

명령문 창 결과

```
>> Arithmetic_operation
Subtraction = -1
Multiplication =  6
```

코드명: Logical_And_operator.m

```
0 && 0
1 && 0
0 && 1
1 && 1
```

코드설명

% '1'은 참(True)을 '0'은 거짓(False)을 의미한다.
% 논리연사자 중 && 연산자(Shift+7)는 둘 중 하나라도 거짓이면 거짓('0')을 반환하고 모두 참인 경우만 참('1')을 반환한다.
0 && 0
% 거짓 && 거짓의 결과를 반환
1 && 0
% 참 && 거짓 의 결과를 반환
0 && 1
% 거짓 && 참 의 결과를 반환
1 && 1
% 참 && 참 의 결과를 반환

명령문 창 결과

\>> Logical_And_operator
ans = 0
ans = 0
ans = 0
ans = 1

코드명: Relational_opertor.m

```
x=3; y=5;
x==y
x>=y
x<=y
```

코드설명

```
%  '1'은 참(True)을 '0'은 거짓(False)을 의미한다.
x=3; y=5;
%  임의의 변수 선언
x==y
%  x 와 y 같으면 참('1')을 다르면 거짓('0')을 반환
x>=y
%  x가 y 보다 크거나 같으면 참('1')을 그렇지 않다면 거짓('0')을 반환
x<=y
%  x가 y 보다 작거나 같으면 참('1')을 그렇지 않다면 거짓('0')을 반환
```

명령문 창 결과

```
>> Relational_operator
ans = 0
ans = 0
ans = 1
```

코드명: If_else.m

```
a=3;
if a>3
    b=1
else
    b=2
end
```

코드설명

```
a=3;
%  임의의 변수 선언
if a>3
%  만약 a가 3보다 크면 다음 명령어 수행
    b=1
```

```
%   b에 1을 할당 및 출력
else
%   a가 3보다 크지 않으면 다음 명령어 수행
    b=2
%   b에 2를 할당 및 출력
end
%   if-else문 끝냄
```

명령문 창 결과

```
>> If_else
b =  2
```

코드명: For.m

```
a=1;
for i=1:3
    a
end
```

코드설명

```
a=1;
%  임의의 변수 선언
```

```
for i=1:3
%  i가 1부터 1씩 증가하여 3일 때까지 다음 명령어 수
행. 다르게 말하면 다음 명령어를 3번 반복 수행.
    a
%  a를 출력
end
%  for문을 끝냄
```

명령문 창 결과

```
>> For
a =  1
a =  1
a =  1
```

코드명: Colon.m

```
x1=1;x2=6
x1:x2
d=2;
x1:d:x2
```

코드설명

% x1을 포함하여 증분값 d를 사용하여 균일한 간격의 행벡터를 반환. 즉, [x1 x1+d x1+2d ... xr], (x2-d<xr ≤x2)

x1=1;x2=6;

% 구간의 양 끝점을 선언

x1:x2

% 증분값 1을 사용하여 x1을 포함한 균일한 간격의 행벡터 출력. x2를 포함하지 않을 수도 있음

d=2;

% 증분값 d를 2로 할당

x1:d:x2

% 증분값 2를 사용하여 x1을 포함한 균일한 간격의 행벡터 출력. x2를 포함하지 않을 수도 있음

명령문 창 결과

```
>> Colon
ans =
    1    2    3    4    5    6
ans =
    1    3    5
```

코드명: Ones.m

```
n=2; m=3;
ones(n,m)
```

코드설명

```
% 모든 원소가 '1'인 (n×m)행렬 반환하는 명령어
n=2; m=3;
% 행렬의 크기(행, 열의 개수)를 선언
ones(n,m)
% 모든 원소가 '1'인 (2×3)행렬 출력
```

명령문 창 결과

```
>> Ones
ans =
   1  1  1
   1  1  1
```

코드명: Zeros.m

```
n=2; m=3;
zeros(n,m)
```

코드설명

% 모든 원소가 '0'인 $(n \times m)$행렬 반환하는 명령어
n=2; m=3;
% 행렬의 크기(행, 열의 개수)를 선언
zeros(n,m)
% 모든 원소가 '0'인 (2×3)행렬 출력

명령문 창 결과

\>\> Zeros
ans =
   0   0   0
   0   0   0

코드명: Sum.m

a=[1 2 3];
sum(a)

코드설명

% 변수의 원소의 합을 반환하는 명령어
a=[1 2 3];

```
%  임의의 벡터 선언
sum(a)
%  벡터의 원소의 합을 출력
```

명령문 창 결과

```
>> Sum
ans =  6
```

코드명: Randi.m

```
x1=-5;x2=5;
n=2;m=3;
randi([x1,x2],n,m)
```

코드설명

```
x1=-5;x2=5;
%  구간을 선언
n=2;m=3;
%  행렬의 크기(행, 열의 개수)를 선언
randi([x1,x2],n,m)
%  구간 [-5, 5]에서 정수형 난수로 구성된 (2×3)난수 행렬을 반환
```

명령문 창 결과

```
>> Randi
ans =
  -2   3   4
   2  -2  -5
```

코드명: Image.m

```
n=16;m=16;
a=randi([0 255],n,m);
image(a)
```

코드설명

n=16;m=16;

% 행렬의 크기(행, 열의 개수)를 선언

a=randi([0 255],n,m);

% 변수 a에 구간 [0, 255]에서 정수형 난수로 구성된 (16×16)난수 행렬을 할당

image(a)

% 행렬 a의 데이터를 이미지로 표시

Figure 창 결과

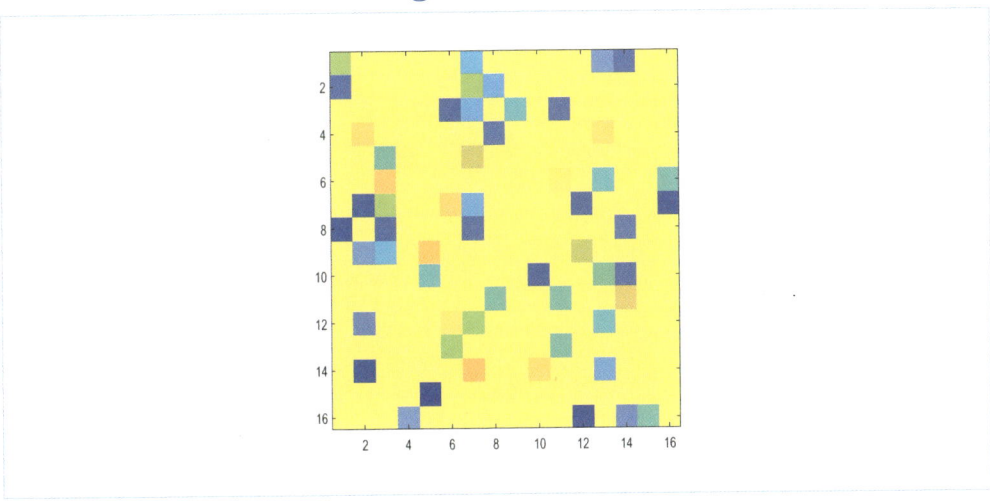

코드명: Colormap.m

```
n=16;m=16;
a=randi([0 255],n,m);
image(a)
colormap('gray')
```

코드설명

```
n=16;m=16;
%  행렬의 크기(행, 열의 개수)를 선언
a=randi([0 255],n,m);
%  변수 a에 구간 [0, 255]에서 정수형 난수로 구성된
```

(16×16)난수 행렬을 할당
image(a)
% 행렬 a의 데이터를 이미지로 표시
colormap('gray')
% 현재 컬러맵 설정을 그레이 변경, 그레이 설정은 0~255까지 검정색에서 점점 밝아져 흰색까지 출력함

Figure 창 결과

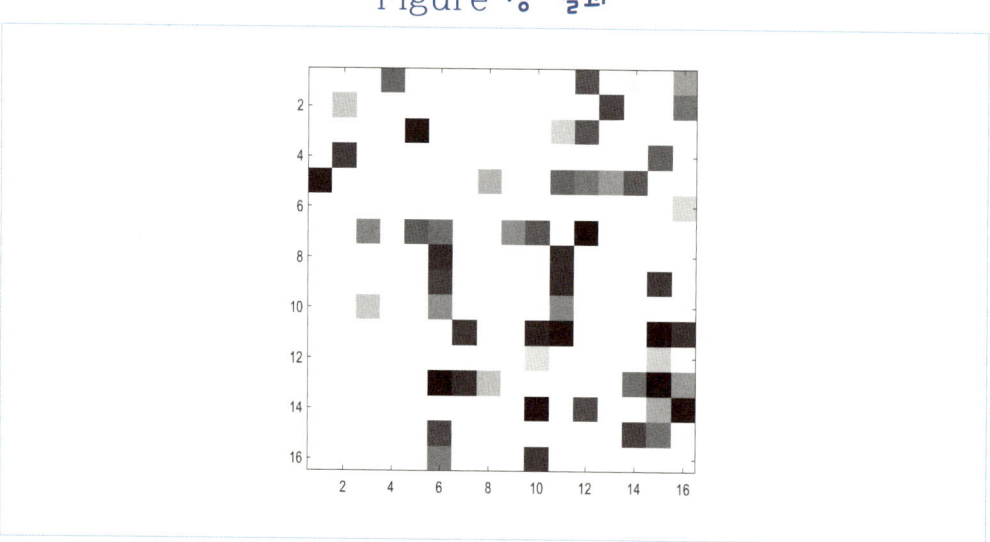

코드명: Num2str.m

a=pi
b=num2str(a)

코드설명

```
% 데이터 형식을 숫자에서 문자로 변환
a=pi
% 변수 a에서 π을 할당 및 출력
b=num2str(a)
% 변수 a에 할당 되어있는 값을 문자로 변환하여 변수 b
에서 할당 및 출력
```

Figure 창 결과

```
>> Num2str
a = 3.1416
b = 3.1416
```

코드명: Title.m

```
figure(1);clf
Figtitle=pi;
title(Figtitle,'fontsize',25)
```

코드설명

```
figure(1);clf
```

```
% figure 1창 활성화 및 그림 지우기
Figtitle=pi;
% 변수 Figtitle에 π값 할당
title(Figtitle,'fontsize',25)
% figure 1창의 제목을 Figtitle에 할당 된 값으로 출력
```

Figure 창 결과

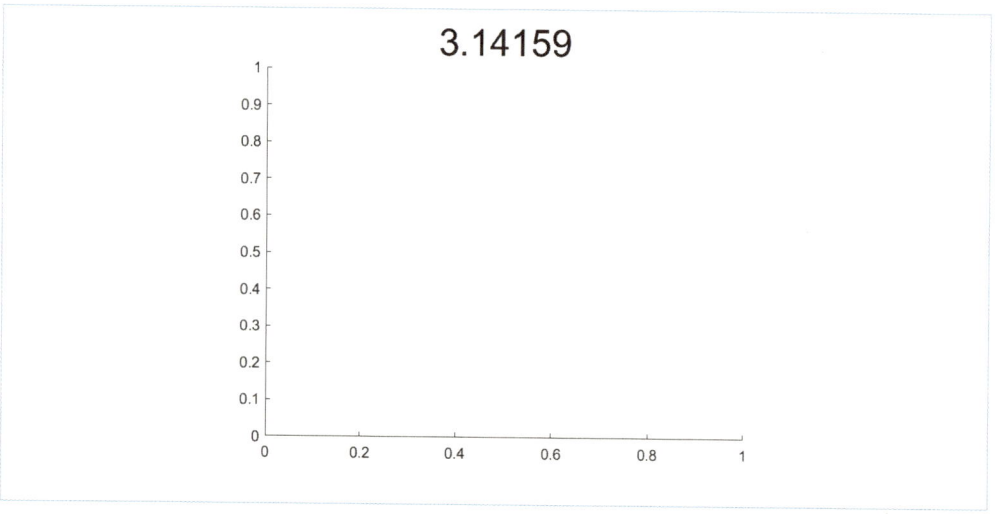

코드명: Plot3.m

```
x=[0 1 2 3 4 5];
y=[0 1 0 1 0 1];
z=[0 1 0 1 0 1];
plot3(x,y,z)
```

코드설명

```
x=[0 1 2 3 4 5];
y=[0 1 0 1 0 1];
z=[0 1 0 1 0 1];
%  임의의 세 벡터 x, y, z 선언
plot3(x,y,z)
%  벡터 x와 y에 대한 벡터 z 그리기
```

Figure 창 결과

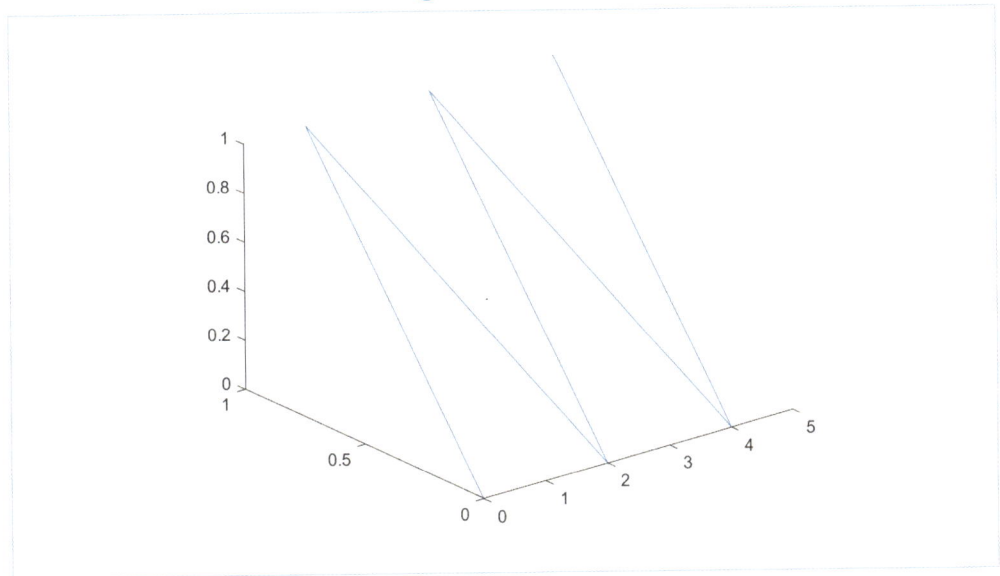

코드명: Hold_on.m

```
x1=[0 1 2 3 4 5];
y=[0 1 0 1 0 1];
z=[0 1 0 1 0 1];
plot3(x1,y,z)
hold on
x2=[1 2 3 4 5 6];
plot3(x2,y,z)
```

코드설명

```
x1=[0 1 2 3 4 5];
y=[0 1 0 1 0 1];
z=[0 1 0 1 0 1];
%  임의의 세 벡터 x1, y, z 선언
plot3(x1,y,z)
%  벡터 x1과 y에 대한 벡터 z 그리기
hold on
%  플롯을 유지하도록 설정
x2=[1 2 3 4 5 6];
%  임의의 벡터 x2 선언
plot3(x2,y,z)
%  벡터 x2와 y에 대한 벡터 z 그리기
```

Figure 창 결과

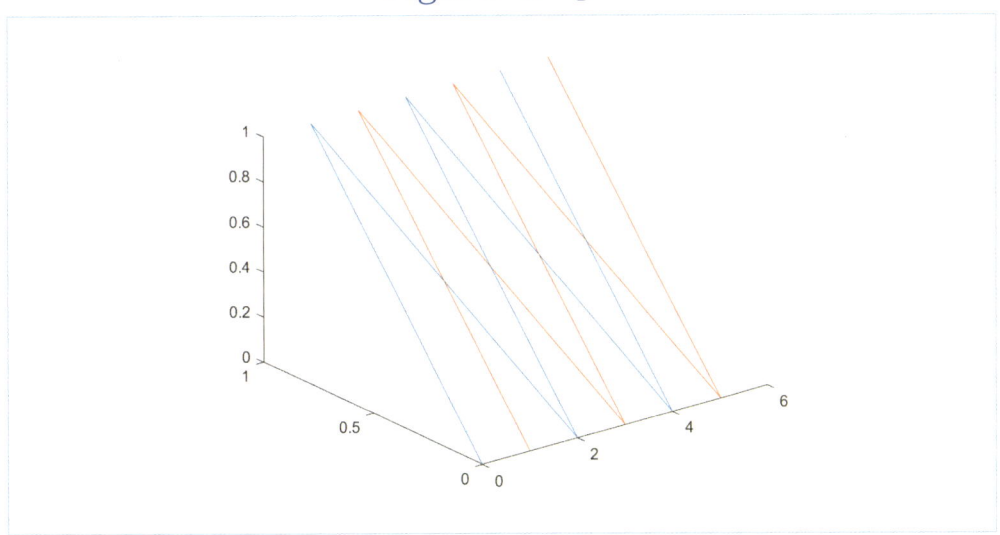

코드명: Axis.m

```
x=[0 1 2 3 4 5];
y=[0 1 0 1 0 1];
z=[0 1 0 1 0 1];
figure(1);clf
plot3(x,y,z)
figure(2);clf
plot3(x,y,z)
axis image
```

코드설명

```
x=[0 1 2 3 4 5];
y=[0 1 0 1 0 1];
z=[0 1 0 1 0 1];
%   임의의 세 벡터 x1, y, z 선언
figure(1);clf
%   figure 1창을 활성화 및 그림 지우기
plot3(x,y,z)
%   벡터 x와 y에 대한 벡터 z 그리기
figure(2);clf
%   figure 2창을 활성화 및 그림 지우기
plot3(x,y,z)
%   벡터 x와 y에 대한 벡터 z 그리기
axis image
%   보고 싶은 스케일('image')로 좌표축을 변경
```

Figure 창 결과

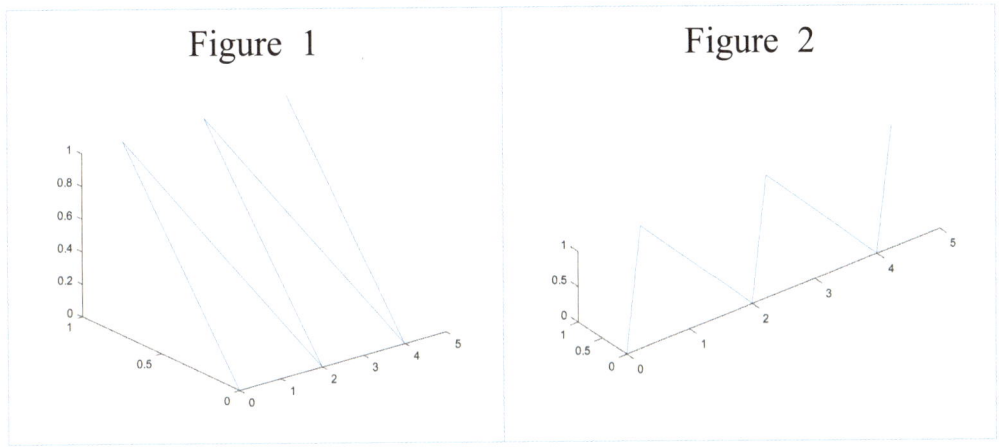

코드명: View.m

```
x=[0 1 2 3 4 5];
y=[0 1 0 1 0 1];
z=[0 1 0 1 0 1];
figure(1);clf
plot3(x,y,z)
figure(2);clf
plot3(x,y,z)
view(40,40)
```

코드설명

% 3차원 공간에 그래프를 보고 싶은 시점(각도)에서 볼 수 있도록 변경하고자 할 때, 'view'를 사용하여 변경한다 - axis (Φ, θ)

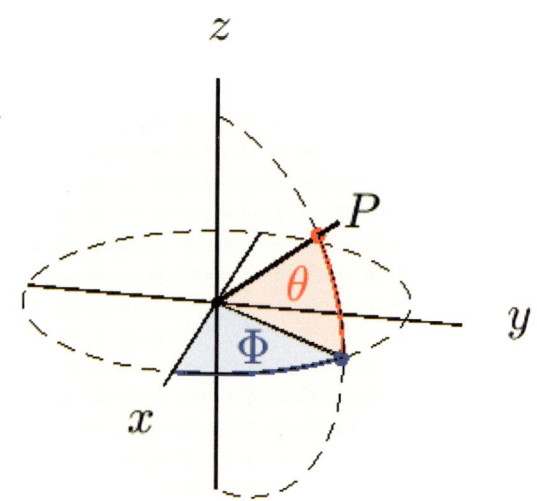

x=[0 1 2 3 4 5];
y=[0 1 0 1 0 1];
z=[0 1 0 1 0 1];
% 임의의 세 벡터 x, y, z 선언
figure(1);clf
% figure 1창을 활성화 및 그림 지우기

```
plot3(x,y,z)
%  벡터 x와 y에 대한 벡터 z를 그리기
figure(2);clf
%  figure 2창을 활성화 및 그림 지우기
plot3(x,y,z)
%  벡터 x와 y에 대한 벡터 z를 그리기
view(40,40)
%  시점 ($\Phi=40,\ \theta=40$)에서 그래프를 출력
```

Figure 창 결과

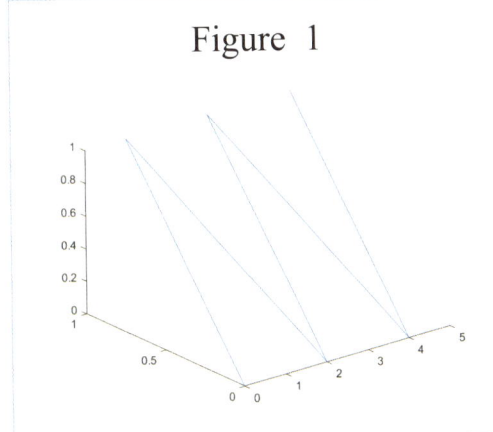
Figure 1

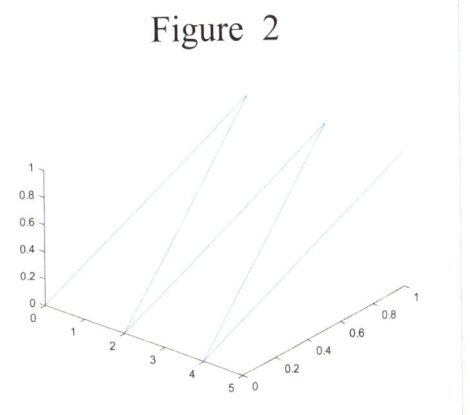
Figure 2

코드명: Patch.m

```
x=[0 1 1 0];
y=[0 0 1 1];
```

```
z=[0 1 2 1];
patch(x,y,z,'g');
view(-40,30)
```

코드설명

```
%   하나 이상의 다각형 그리기
x=[0 1 1 0];
%   꼭짓점의 x좌표 설정
y=[0 0 1 1];
%   꼭짓점의 y좌표 설정
z=[0 1 2 1];
%   꼭짓점의 z좌표 설정
patch(x,y,z,'g');
%   다각형을 녹색으로 그리기
view(-40,30)
%   시점 ($\Phi=-40, \theta=30$)에서 그래프를 출력
```

Figure 창 결과

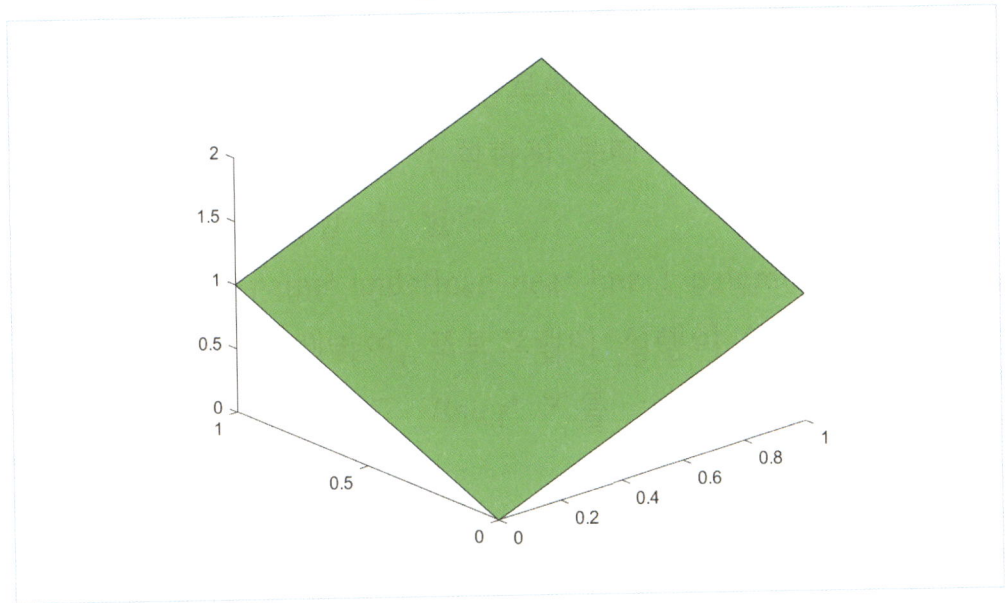

코드명: Pause.m

```
for i=1:10
i
pause(1)
end
```

코드설명

% 명령어를 수행하면서 어느 시간동안 일시 정지하였다가 다음 명령어를 수행하고자 할 때, 'pause(초단위)'를

사용하여 일시정지를 한다.

```
for i=1:10
% i가 1부터 1씩 증가하면서 10까지 다음 명령어 수행
i
% i값 출력
pause(1)
%  1초 일시정지
end
```

코딩수학

Chapter 2
라이프 게임 기초 예제

코딩수학 10

라이프 게임(Game of Life)이란 무엇인가?
(위키백과)

John Horton Conway
Investigated groups, knots, numbers, games, codes... but is mostly known among amateur mathematicians for a cellular automaton, the Game of Life. In game theory, he proposed the system of surreal numbers and invented Sprouts. One of the writers of the ATLAS of finite simple groups. Discovered the look-and-say sequence, the 15 theorem, rational tangles, FRACTRAN, Conway's soldiers...

"A mathematician is a conjurer who gives away his secrets."

출처: http://curiosamathematica.tumblr.com/

라이프 게임(Game of Life) 또는 생명 게임은 영국의 수학자 존 호턴 콘웨이(John Horton Conway, 1937년 12월 26일 ~)가 고안해낸 세포 자동자(Cellular Automata)의 일종으로, 가장 널리 알려진 세포 자동자 가운데 하나이다. 존 호턴 콘웨이는 유한군, 매듭 이론, 수론, 조합론적 게임 이론, 블록 부호 이론 등

에 업적을 남긴 영국 출신 수학자이다. 케임브리지 대학교를 졸업했으며, 현재 프린스턴 대학교 수학과 교수이다. 세포 자동자의 유명한 예인 라이프 게임과 읽고 말하기 수열로 대중에게도 알려져 있다. 세포 자동자는 인접한 셀의 상태를 기반으로 하는 일련의 규칙에 따라 여러 이산 시간 단계를 통해 전개되는 이산 모델이다.

미국의 과학 잡지 사이언티픽 어메리칸 1970년 10월호 중 마틴 가드너의 칼럼 〈Mathematical Games(수학 게임)〉란을 통해 처음으로 대중들에게 소개되어 단순한 규칙 몇 가지로 복잡한 패턴을 만들어낼 수 있다는 점 때문에 많은 관심과 반응을 불러일으켰다.

수학동아 2017년 5월호에는 [색깔 마술사 도마뱀의 비밀] 이라는 염지현 수학동아 기자의 쥬얼드 라세타 도마뱀의 무늬를 수학적 모델링으로 재현한 흥미 있는 기사가 있었다. 마이클 밀린코비치 스위스 제네바 대학교 교수팀은 세포자동자 모델을 이용하여 쥬얼드 라세타 도마뱀의 피부 패턴을 재현하는데 성공하였고 연구결과는 국제적으로 저명한 네이쳐 2017년 4월 12일자에 발표되었다. 아래 그림에서 (a)는 쥬얼드 라세타 도

마뱀의 어렸을 때의 피부패턴이고 (b)는 다 자랐을 때의 모습이다. (b)에서 작은 사진은 어렸을 때의 크기와 비교하기 위해서 같이 보여준 것이다. 사진 (c), (d), (e), (f), (g)은 태어나서 1, 3, 5, 13, 36개월 후의 패턴이다.

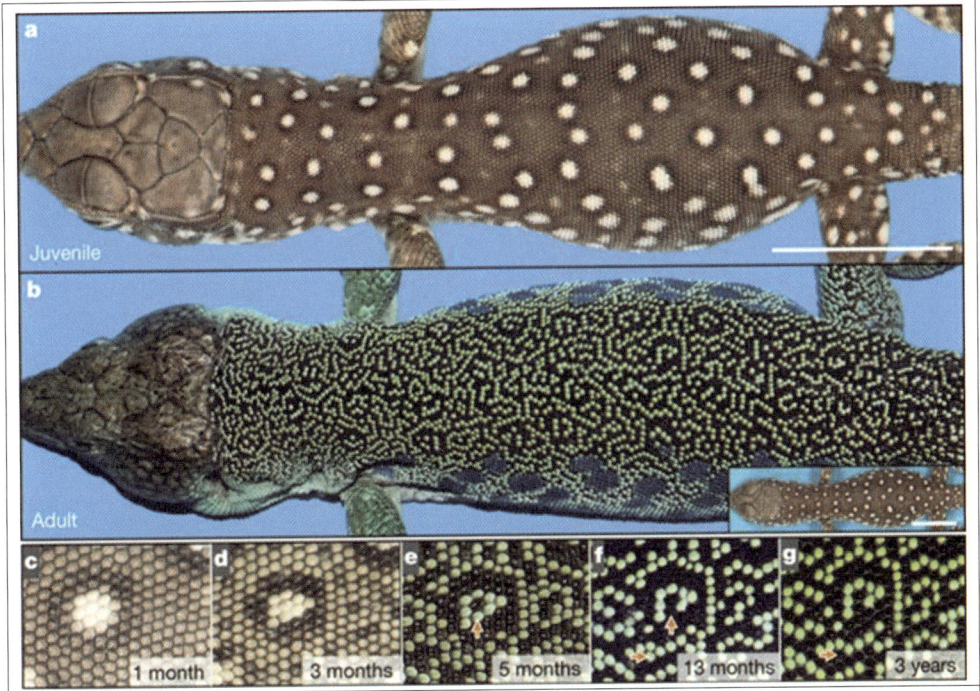

출처: Liana Manukyan, Sophie A. Montandon, Anamarija Fofonjka, Stanislav Smirnov & Michel C. Milinkovitch, A living mesoscopic cellular automaton made of skin scales, Nature volume 544, pages 173–179 (13 April 2017) with permission from Nature Publishing Group.

라이프 게임의 규칙

라이프 게임은 무한히 많은 정사각형 모양의 세포들을 바탕으로 시작된다. 마치 바둑판처럼 생긴 2차원 공간이라고 생각하면 된다. 각각의 세포 주위에는 인접한 8개의 '이웃 세포'가 있다. 또 각 세포는 '산 상태' 또는 '죽은 상태'를 갖고, '산세포'는 검정색, '죽은 세포'는 흰색으로 나타낸다. 격자를 이루는 세포의 상태는 현재 세대의 세포들 전체의 상태가 다음 세대의 세포 전체의 상태를 결정한다. 각각의 세포가 다음 세대에서 갖는 상태는 현재 상태와 이웃한 8개의 세포들의 상태에 따라서 결정된다. 구체적인 규칙은 다음과 같다.

[규칙 1] 죽은 세포의 이웃 세포 8개 중 3개의 세포가 산세포라면, 죽은 세포는 살아나고 그렇지 않으면, 죽은 세포는 죽은 상태를 유지한다.

[규칙 2] 산세포의 이웃 세포 8개 중 2개 혹은 3개의 세포가 산세포라면, 산세포는 살아있는 상태를 유지하고 그렇지 않으면, 산세포는 죽어버린다.

예제를 통해 직접 체험해보자.

아래 예제들의 다음 세대의 상태를 규칙 1, 2를 이용하여 예측해보자.

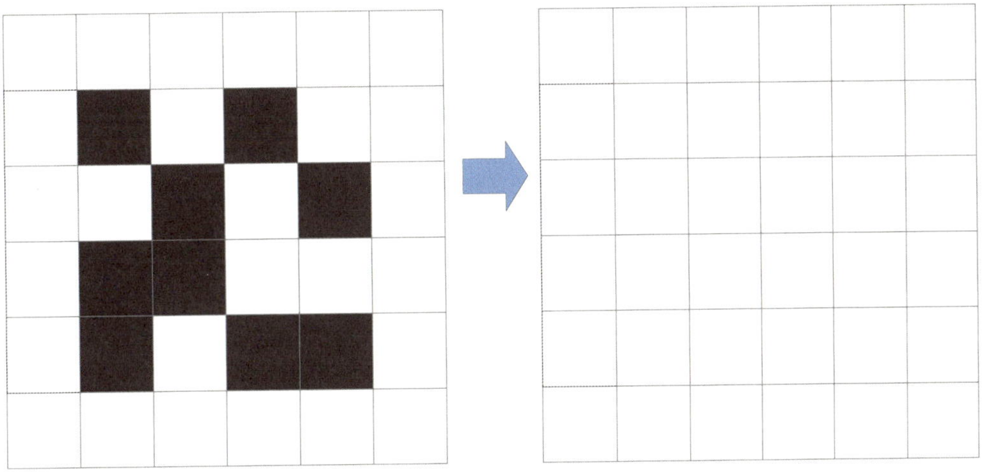

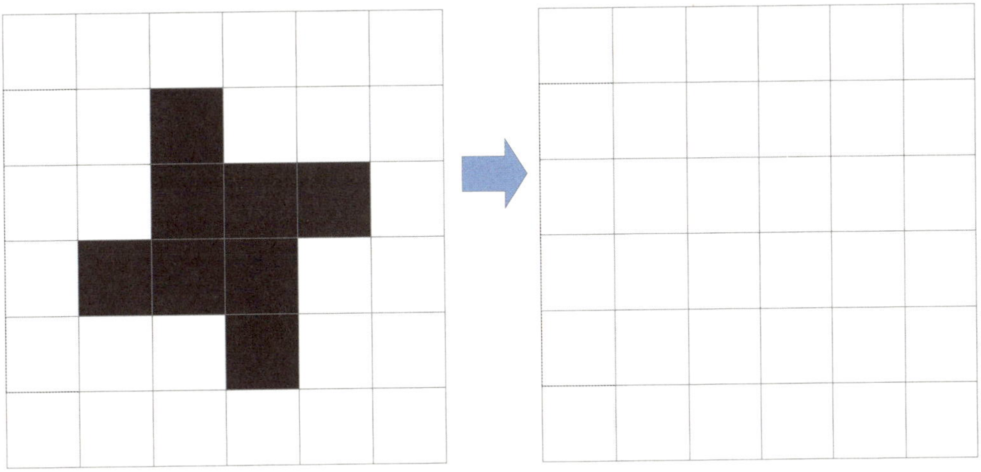

여러 패턴의 예제

이프 게임에 대해서 수많은 연구가 진행되었으며 그 과정에서 다양한 패턴들을 발견하였다. 몇 가지 간단한 예를 살펴보도록 하자.

- 정물(still life) :
  안정된 상태로써 전혀 변화가 없는 고정된 패턴이다.

덩어리(Block)	통(Tub)	배(Boat)

빵 한 덩이(Loaf)	벌집(Beehive)

옥타브 코드를 작성해보자.

코드명: Block.m

```octave
clear; clf;
colormap('gray');
n=6;
old_cell=zeros(n,n);
old_cell(3:4,3:4)=ones(2,2);
new_cell=old_cell;
for iteration = 1:10
image(255*(1-old_cell(2:n-1,2:n-1)))
title(num2str(iteration))
axis image off;
old_cell(1,:)=old_cell(n-1,:);
old_cell(n,:)=old_cell(2,:);
old_cell(:,1)=old_cell(:,n-1);
old_cell(:,n)=old_cell(:,2);
for i=2:n-1
for j=2:n-1
rule=sum(sum(old_cell(i-1:i+1,j-1:j+1)));
if (old_cell(i,j)==1)
```

```
if (rule==3 || rule==4)
new_cell(i,j)=1;
else
new_cell(i,j)=0;
end
else
if (rule==3)
new_cell(i,j)=1;
else
new_cell(i,j)=0;
end
end
end
end
old_cell=new_cell;
pause(0.1)
end
```

코드설명

```
clear; clf;
% 메모리 초기화 및 그림 초기화
colormap('gray');
% 현재 컬러맵 설정을 그레이 변경, 그레이 설정은
0~255까지 검정색에서 점점 밝아져 흰색까지 출력함
n=6;
% (n×n) 격자를 만들기 위해 변수 n을 6으로 할당
old_cell=zeros(n,n);
% 원소가 0인 (n×n) 행렬 선언
old_cell(3:4,3:4)=[1 1;1 1];
% 행렬 old_cell의 중앙 4개의 원소 값을 1로 할당. 즉,
행렬 old_cell의 2행 3,4열, 3행 3,4열 원소의 값을 1로
할당.
new_cell=old_cell;
% 변수 new_cell에 행렬 old_cell을 복사
for iteration = 1:10
image(255*(1-old_cell(2:n-1,2:n-1)))
% 0(검정색)은 산세포를 255(흰색)는 죽은 세포로 표현
하고, 테두리 세포는 출력하지 않음.
title(num2str(iteration))
```

```
% 그림창의 제목을 변수 iteration의 값으로 출력
axis image off;
old_cell(1,:)=old_cell(n-1,:);
% 행렬 old_cell의 1행을 n-1행 값으로 재 할당
old_cell(n,:)=old_cell(2,:);
% 행렬 old_cell의 n행을 2행 값으로 재 할당
old_cell(:,1)=old_cell(:,n-1);
% 행렬 old_cell의 1열을 n-1열 값으로 재 할당
old_cell(:,n)=old_cell(:,2);
% 행렬 old_cell의 n열을 2열 값으로 재 할당
for i=2:n-1
for j=2:n-1
rule=sum(sum(old_cell(i-1:i+1,j-1:j+1)));
% 규칙을 확인하기 위해 한 세포와 이웃세포 8개 중 산 세포의 수를 구함
if (old_cell(i,j)==1)
% 만약 행렬 old_cell의 (i,j)번째 원소가 산세포라면, 다음 명령어를 수행
if (rule==3 || rule==4)
% 만약 (i,j)번째 세포와 이웃세포 8개 중 산세포 개수의 합이 3개 혹은 4개라면, 다음 명령어를 수행
new_cell(i,j)=1;
```

% 행렬 new_cell의 (i,j)번째 원소 값을 1로 재 할당, 즉, 다음세대에서 (i,j)번째 세포는 산세포로 유지

else

% (i,j)번째 세포와 이웃세포 8개 중 산세포 개수의 합이 3개 혹은 4개가 아니라면, 다음 명령어를 수행

new_cell(i,j)=0;

% 행렬 new_cell의 (i,j)번째 원소 값을 0로 재 할당, 즉, 다음세대에서 (i,j)번째 세포는 즉은 세포로 변경

end

else

% 만약 행렬 old_cell의 (i,j)번째 원소가 죽은 세포라면, 다음 명령어를 수행

if (rule==3)

% 만약 (i,j)번째 세포와 이웃세포 8개 중 산세포 개수의 합이 3개라면, 다음 명령어를 수행

new_cell(i,j)=1;

% 행렬 new_cell의 (i,j)번째 원소 값을 1로 재 할당, 즉, 다음세대에서 (i,j)번째 세포는 산세포로 변경

else

% (i,j)번째 세포와 이웃세포 8개 중 산세포 개수의 합이 3개가 아니라면, 다음 명령어 수행

new_cell(i,j)=0;

% 행렬 new_cell의 (i,j)번째 원소 값을 0로 재 할당, 즉, 다음세대에서 (i,j)번째 세포는 죽은 세포로 유지
end
end
end
end
old_cell=new_cell;
% old_cell에 new_cell을 복사
pause(0.1)
% 0.1초 일시정지
end

Figure 창 결과

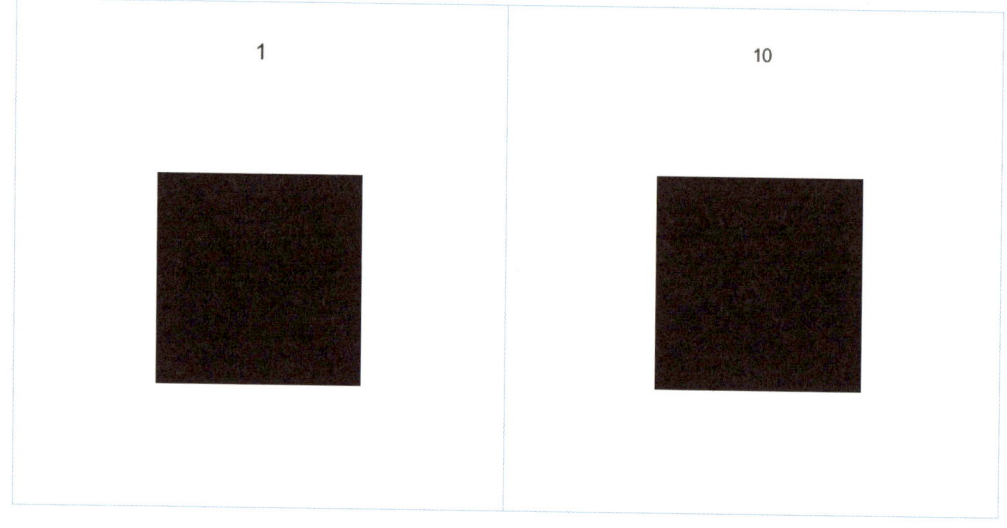

코드 Block.m에서 3번째 줄부터 5번째 줄까지의 명령어를 다음으로 대체하면 Tub.m을 얻는다.

코드명: Tub.m

```
n=7;
old_cell=zeros(n,n);
old_cell(3:5,3:5)=[0 1 0;1 0 1;0 1 0];
```

코드설명

n=7;
% ($n \times n$) 격자를 만들기 위해 변수 n을 7로 할당
old_cell=zeros(n,n);
% 원소가 0인 ($n \times n$) 행렬 선언
old_cell(3:5,3:5)=[0 1 0;1 0 1;0 1 0];

% 행렬 old_cell의 중앙 9개의 원소 값을 $\begin{bmatrix} 0 & 1 & 0 \\ 1 & 0 & 1 \\ 0 & 1 & 0 \end{bmatrix}$로 할당.

즉, 행렬 old_cell의 3,4,5행의 3,4,5열 원소의 값을 $\begin{bmatrix} 0 & 1 & 0 \\ 1 & 0 & 1 \\ 0 & 1 & 0 \end{bmatrix}$로 할당.

74 코딩수학 10 콘웨이의 라이프 게임

Figure 창 결과

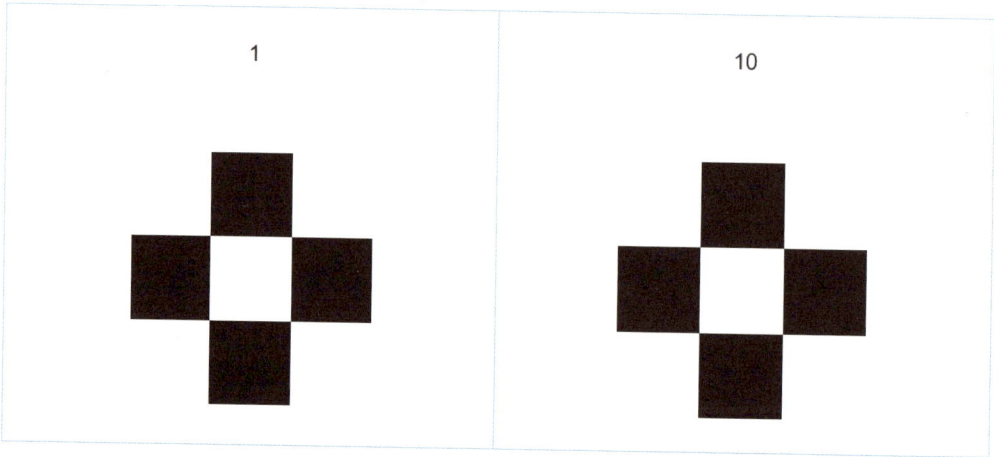

코드 Block.m에서 3번째 줄부터 5번째 줄까지의 명령어를 다음으로 대체하면 Boat.m을 얻는다.

코드명: Boat.m

```
n=7;
old_cell=zeros(n,n);
old_cell(3:5,3:5)=[1 1 0;1 0 1;0 1 0];
```

코드설명

```
n=7;
% (n×n) 격자를 만들기 위해 변수 n을 7로 할당
old_cell=zeros(n,n);
% 원소가 0인 (n×n) 행렬 선언
old_cell(3:5,3:5)=[1 1 0;1 0 1;0 1 0];
```

% 행렬 old_cell의 중앙 9개의 원소 값을 $\begin{bmatrix}1&1&0\\1&0&1\\0&1&0\end{bmatrix}$로 할당.

즉, 행렬 old_cell의 3,4,5행의 3,4,5열 원소의 값을 $\begin{bmatrix}1&1&0\\1&0&1\\0&1&0\end{bmatrix}$로 할당.

Figure 창 결과

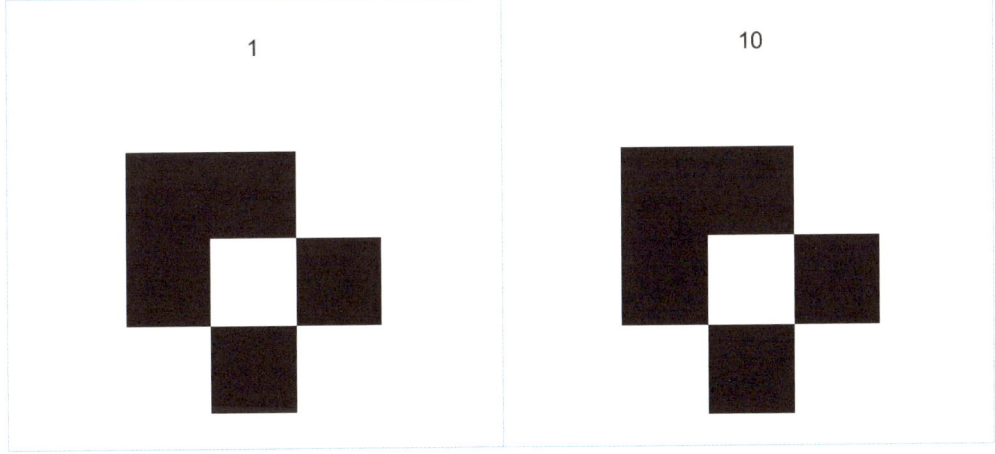

코드 Block.m에서 3번째 줄부터 5번째 줄까지의 명령어를 다음으로 대체하면 Loaf.m을 얻는다.

코드명: Loaf.m

```
n=8;
old_cell=zeros(n,n);
old_cell(3:6,3:6)=[0 1 1 0;1 0 0 1;...
0 1 0 1;0 0 1 0];
```

코드설명

n=8;
% ($n \times n$) 격자를 만들기 위해 변수 n을 8로 할당
old_cell=zeros(n,n);
% 원소가 0인 ($n \times n$) 행렬 선언
old_cell(3:6,3:6)=[0 1 1 0;1 0 0 1;...
0 1 0 1;0 0 1 0];

% 행렬 old_cell의 중앙 16개의 원소 값을 $\begin{bmatrix} 0110 \\ 1001 \\ 0101 \\ 0010 \end{bmatrix}$로 할

당. 즉, 행렬 old_cell의 3,4,5,6행의 3,4,5,6열 원소의

라이프 게임 기초 예제 77

값을 $\begin{bmatrix} 0110 \\ 1001 \\ 0101 \\ 0010 \end{bmatrix}$ 로 할당.

Figure 창 결과

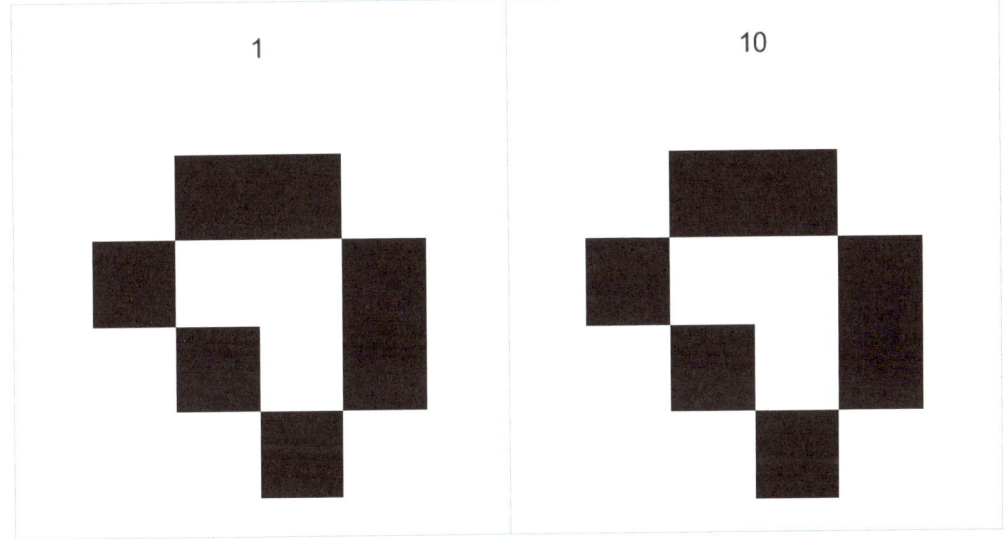

1   10

코드 Block.m에서 3번째 줄부터 5번째 줄까지의 명령어를 다음으로 대체하면 Beehive.m을 얻는다.

코드명: Beehive.m

```
n=8;
old_cell=zeros(n,n);
old_cell(3:5,3:6)=[0 1 1 0;1 0 0 1;0 1 1 0];
```

코드설명

```
n=8;
```
% $(n \times n)$ 격자를 만들기 위해 변수 n을 8로 할당
```
old_cell=zeros(n,n);
```
% 원소가 0인 $(n \times n)$ 행렬 선언
```
old_cell(3:5,3:6)=[0 1 1 0;1 0 0 1;0 1 1 0];
```
% 행렬 old_cell의 중앙 12개의 원소 값을 $\begin{bmatrix} 0110 \\ 1001 \\ 0110 \end{bmatrix}$로 할당. 즉, 행렬 old_cell의 3,4,5행의 3,4,5,6열 원소의 값을 $\begin{bmatrix} 0110 \\ 1001 \\ 0110 \end{bmatrix}$로 할당.

Figure 창 결과

- 진동자(oscillator) :

  일정한 행동을 특정 주기로 반복하는 패턴이며, 다음 예제는 주기 2를 갖는 유형이다.

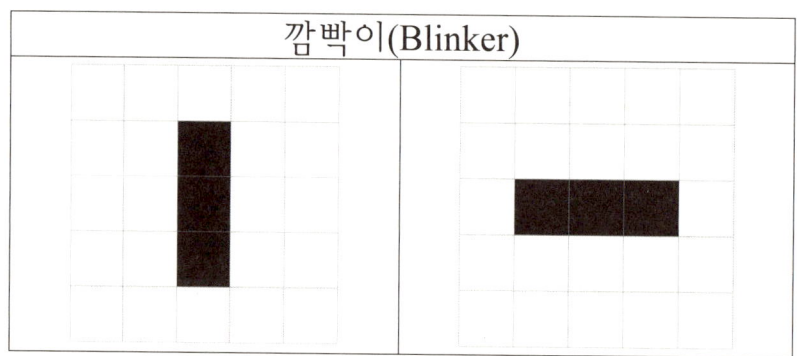

코드 Block.m에서 3번째 줄부터 5번째 줄까지의 명령어를 다음으로 대체하면 Blinker.m을 얻는다.

코드명: Blinker.m

```
n=7;
old_cell=zeros(n,n);
old_cell(4,3:5)=[1 1 1];
```

코드설명

```
n=7;
% (n×n) 격자를 만들기 위해 변수 n을 7로 할당
old_cell=zeros(n,n);
% 원소가 0인 (n×n) 행렬 선언
old_cell(4,3:5)=[1 1 1];
% 행렬 old_cell의 중앙 3개의 원소 값을 [111]로 할당.
즉, 행렬 old_cell의 4행의 3,4,5열 원소의 값을 [111]로
할당.
```

Figure 창 결과

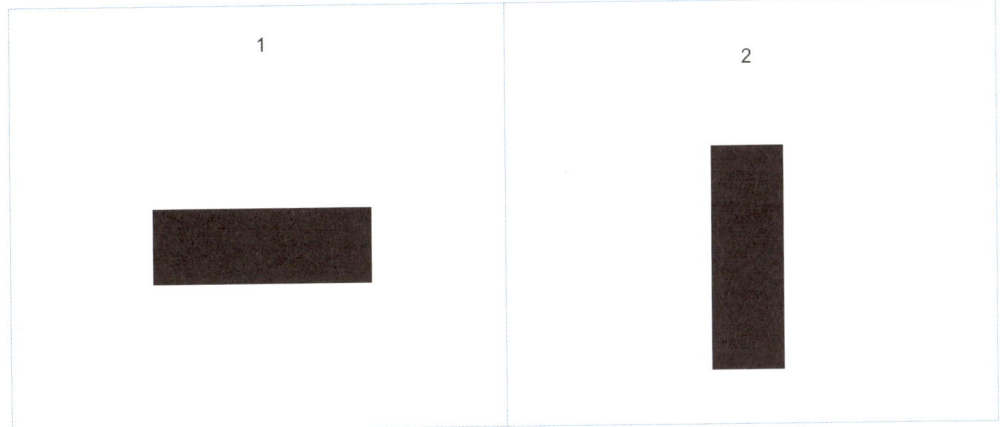

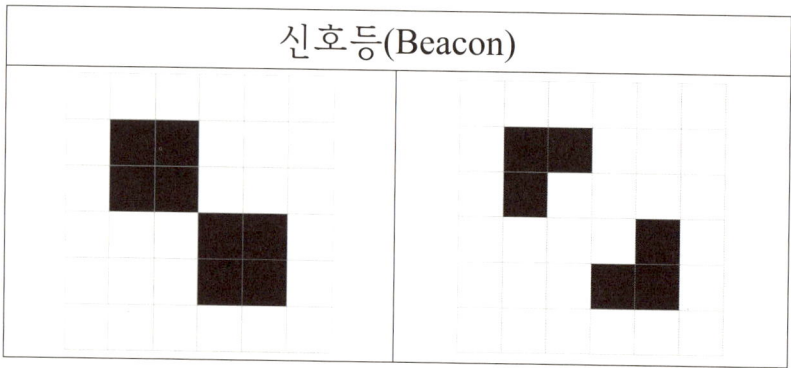

신호등(Beacon)

코드 Block.m에서 3번째 줄부터 5번째 줄까지의 명령어를 다음으로 대체하면 Beacon.m을 얻는다.

코드명: Beacon.m

```
n=8;
old_cell=zeros(n,n);
old_cell(5:6,5:6)=[1 1;1 1];
old_cell(3:4,3:4)=[1 1;1 1];
```

코드설명

n=8;
% $(n \times n)$ 격자를 만들기 위해 변수 n을 8로 할당

```
old_cell=zeros(n,n);
```
% 원소가 0인 $(n \times n)$ 행렬 선언
```
old_cell(3:4,3:4)=[1 1;1 1];
old_cell(5:6,5:6)=[1 1;1 1];
```
% 행렬 old_cell의 5,6행에 5,6열과 3,4행에 3,4열의 원소의 값을 $\begin{bmatrix} 1 & 1 \\ 1 & 1 \end{bmatrix}$로 할당.

Figure 창 결과

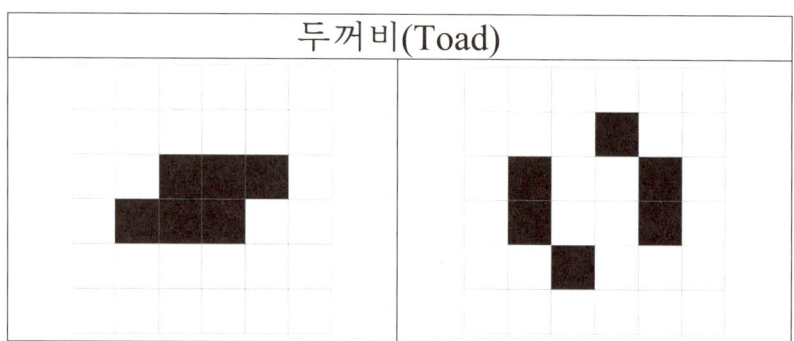

코드 Block.m에서 3번째 줄부터 5번째 줄까지의 명령어를 다음으로 대체하면 Toad.m을 얻는다.

코드명: Toad.m

```
n=8;
old_cell=zeros(n,n);
old_cell(4,4:6)=[1 1 1];
old_cell(5,3:5)=[1 1 1];
```

코드설명

```
n=8;
% (n×n) 격자를 만들기 위해 변수 n을 8로 할당
old_cell=zeros(n,n);
```

% 원소가 0인 $(n \times n)$ 행렬 선언
old_cell(4,4:6)=[1 1 1];
old_cell(5,3:5)=[1 1 1];
% 행렬 old_cell의 4행에 4,5,6열과 5행에 3,4,5열의 원소 값을 [111]로 할당

Figure 창 결과

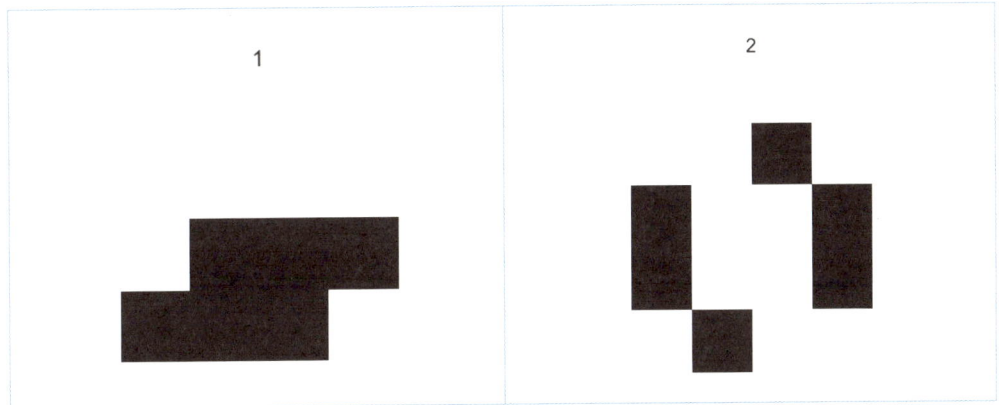

- 우주선(spaceship) :
  특정한 주기로 여러 모양을 반복하며, 한쪽 방향으로 계속 전진하는 패턴이다.

글라이더(glider)	
1	2
3	4
5	

코드 Block.m에서 3번째 줄부터 5번째 줄까지의 명령어를 다음으로 대체하면 Glider.m을 얻는다.

코드명: Glider.m

```
n=9;
old_cell=zeros(n,n);
old_cell(4:6,4:6)=[0 0 1;1 0 1;0 1 1];
```

코드설명

```
n=9;
```
% ($n \times n$) 격자를 만들기 위해 변수 n을 9로 할당
```
old_cell=zeros(n,n);
```
% 원소가 0인 ($n \times n$) 행렬 선언
```
old_cell(4:6,4:6)=[0 0 1;1 0 1;0 1 1];
```
% 행렬 old_cell의 4,5,6행에 4,5,6열의 원소 값을 $\begin{bmatrix} 0 & 0 & 1 \\ 1 & 0 & 1 \\ 0 & 1 & 1 \end{bmatrix}$로 할당

88　코딩수학 10 콘웨이의 라이프 게임

Figure 창 결과

1

2

3

4

5

경량급 우주선(lightweight spaceship)

1

2

3

4

5

코드 Block.m에서 3번째 줄부터 5번째 줄까지의 명령어를 다음으로 대체하면 LWSS.m을 얻는다.

코드명: LWSS.m

```
n=12;
old_cell=zeros(n,n);
old_cell(5:8,4:8)=[0 0 1 1 0;1 1 0 1 1;...
1 1 1 1 0;0 1 1 0 0];
```

코드설명

```
n=12;
```
% $(n \times n)$ 격자를 만들기 위해 변수 n을 12로 할당
```
old_cell=zeros(n,n);
```
% 원소가 0인 $(n \times n)$ 행렬 선언
```
old_cell(5:8,4:8)=[0 0 1 1 0;1 1 0 1 1;...
1 1 1 1 0;0 1 1 0 0];
```
% 행렬 old_cell의 5~8행에 4~8열의 원소 값을 $\begin{bmatrix} 0 & 0 & 1 & 1 & 0 \\ 1 & 1 & 0 & 1 & 1 \\ 1 & 1 & 1 & 1 & 0 \\ 0 & 1 & 1 & 0 & 0 \end{bmatrix}$ 로 할당

Figure 창 결과

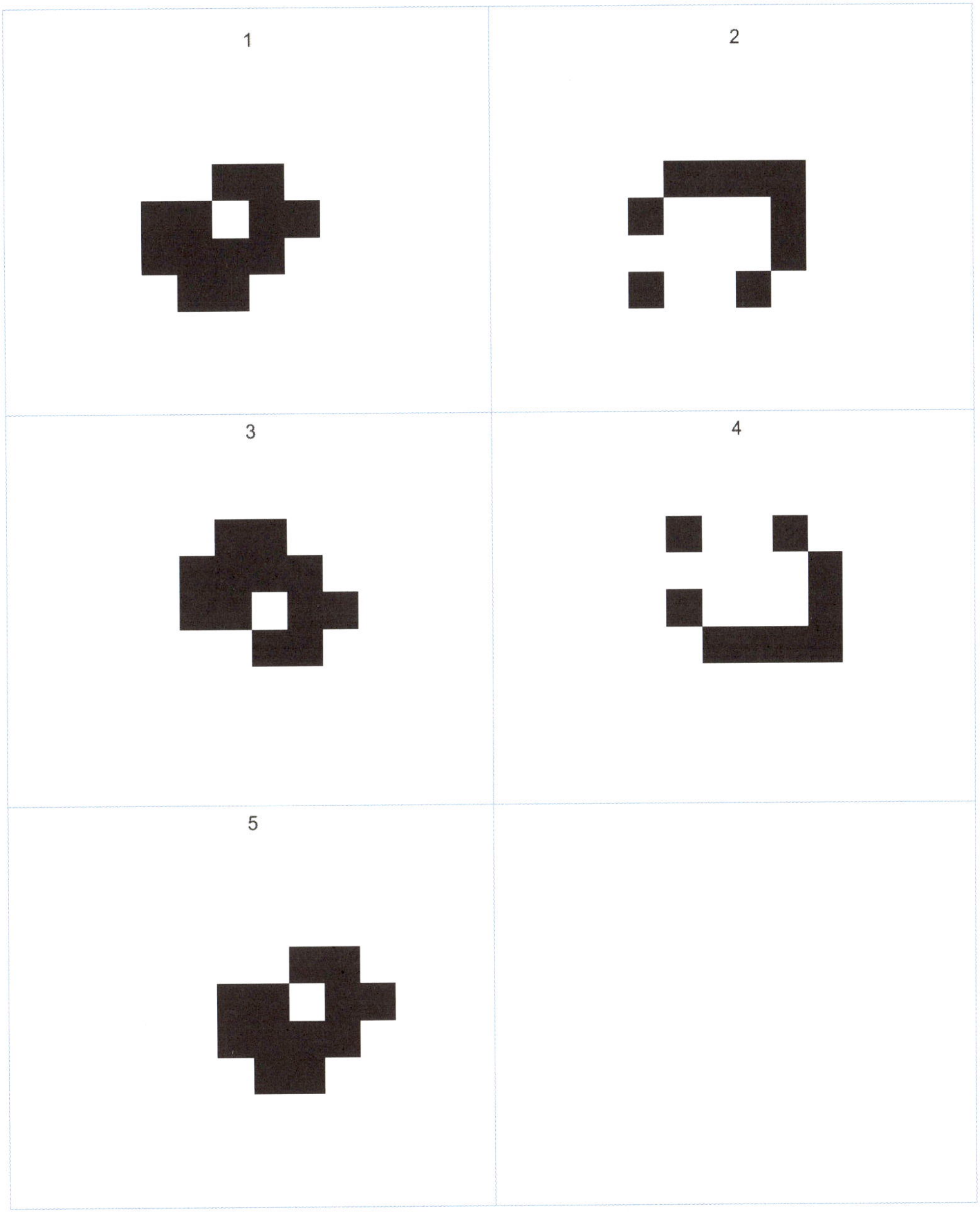

1	2
3	4
5	

중량급 우주선(highweight spaceship)

1

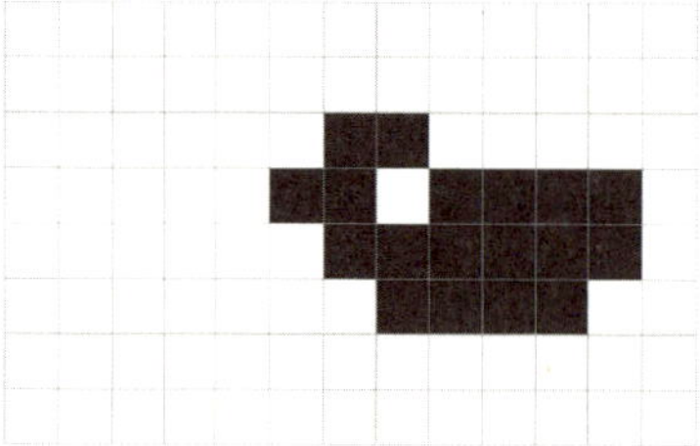

2

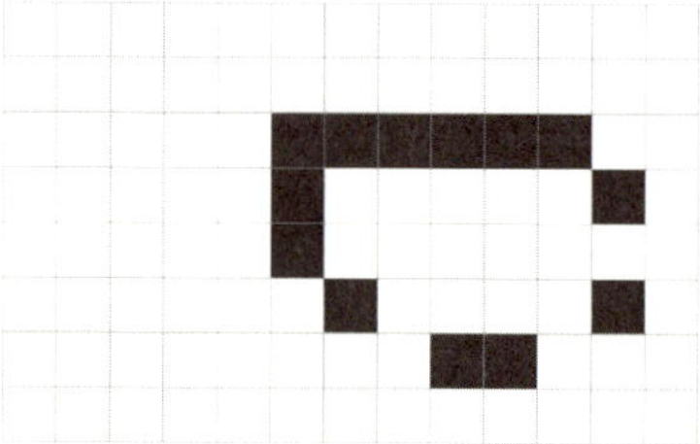

3

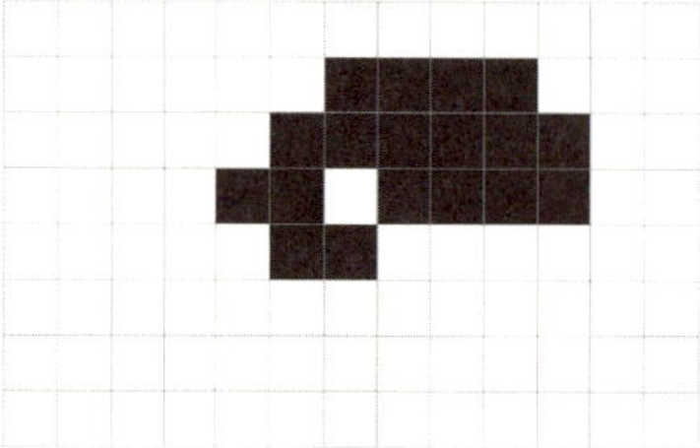

4

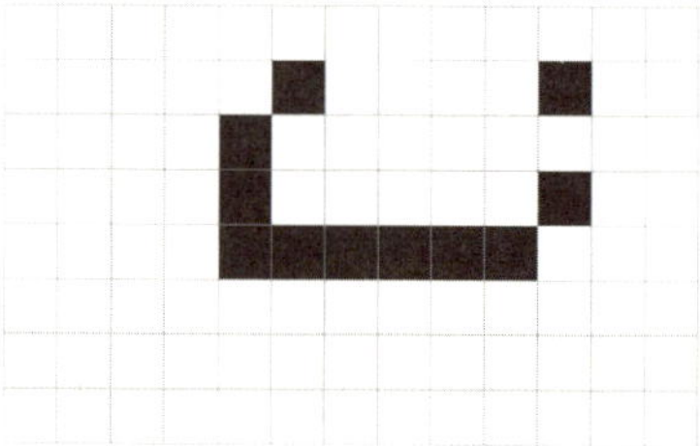

5

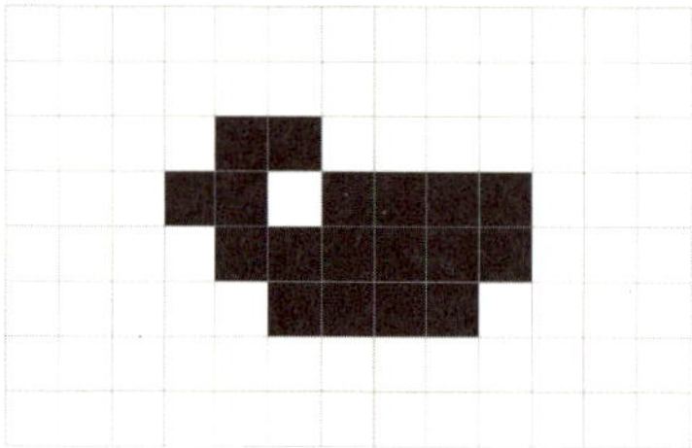

코드 Block.m에서 3번째 줄부터 5번째 줄까지의 명령어를 다음으로 대체하면 HWSS.m을 얻는다.

코드명: HWSS.m

```
n=13;
old_cell=zeros(n,n);
old_cell(6:9,5:11)=[0 1 1 0 0 0 0;...
1 1 0 1 1 1 1;0 1 1 1 1 1 1;0 0 1 1 1 1 0];
```

코드설명

```
n=13;
```
% $(n \times n)$ 격자를 만들기 위해 변수 n을 13로 할당
```
old_cell=zeros(n,n);
```
% 원소가 0인 $(n \times n)$ 행렬 선언
```
old_cell(6:9,5:11)=[0 1 1 0 0 0 0;...
1 1 0 1 1 1 1;0 1 1 1 1 1 1;0 0 1 1 1 1 0];
```
% 행렬 old_cell의 6~9행에 5~11열의 원소 값을 $\begin{bmatrix} 0 1 1 0 0 0 0 \\ 1 1 0 1 1 1 1 \\ 0 1 1 1 1 1 1 \\ 0 0 1 1 1 1 0 \end{bmatrix}$ 로 할당

94 코딩수학 10 콘웨이의 라이프 게임

Figure 창 결과

1	2
3	4
5	

랜덤 초깃값을 갖는 예를 살펴보자

코드명: GameOfLife2D.m

```
clear; clf;
colormap('gray');
n=32;
old_cell=randi([0,1],n,n);
new_cell=old_cell;
for iteration = 1:100
image(255*(1-old_cell(2:n-1,2:n-1)))
title(num2str(iteration))
view(0,90)
axis image off;
old_cell(1,:)=old_cell(n-1,:);
old_cell(n,:)=old_cell(2,:);
old_cell(:,1)=old_cell(:,n-1);
old_cell(:,n)=old_cell(:,2);
for i=2:n-1
for j=2:n-1
rule=sum(sum(old_cell(i-1:i+1,j-1:j+1)));
if (old_cell(i,j)==1)
```

```
if (rule==3 || rule==4)
new_cell(i,j)=1;
else
new_cell(i,j)=0;
end
else
if (rule==3)
new_cell(i,j)=1;
else
new_cell(i,j)=0;
end
end
end
end
old_cell=new_cell;
pause(0.1)
end
```

코드설명

```
clear; clf;
```

```
% 메모리 초기화 및 그림 초기화
colormap('gray');
% 현재 컬러맵 설정을 그레이 변경, 그레이 설정은 0~255까지 검정색에서 점점 밝아져 흰색까지 출력함
n=32;
% ($n \times n$) 격자를 만들기 위해 변수 n을 32로 할당
old_cell=randi([0,1],n,n);
% 변수 old_cell에 원소가 0과 1로 이루어진 ($n \times n$) 난수 행렬을 할당
new_cell=old_cell;
% 변수 new_cell에 행렬 old_cell을 복사
for iteration = 1:100
image(255*(1-old_cell(2:n-1,2:n-1)))
% 0(검정색)은 산세포를 255(흰색)는 죽은 세포로 표현하고, 테두리 세포는 출력하지 않음.
title(num2str(iteration))
% 그림창의 제목을 변수 iteration의 값으로 출력
axis image off;
old_cell(1,:)=old_cell(n-1,:);
% 행렬 old_cell의 1행을 n-1행 값으로 재 할당
old_cell(n,:)=old_cell(2,:);
```

```
% 행렬 old_cell의 n행을 2행 값으로 재 할당
old_cell(:,1)=old_cell(:,n-1);
% 행렬 old_cell의 1열을 n-1열 값으로 재 할당
old_cell(:,n)=old_cell(:,2);
% 행렬 old_cell의 n열을 2열 값으로 재 할당
for i=2:n-1
for j=2:n-1
rule=sum(sum(old_cell(i-1:i+1,j-1:j+1)));
% 규칙을 확인하기 위해 한 세포와 이웃세포 8개 중 산
세포의 수를 구함
if (old_cell(i,j)==1)
% 만약 행렬 old_cell의 (i,j)번째 원소가 산세포라면, 다
음 명령어를 수행
if (rule==3 || rule==4)
% 만약 (i,j)번째 세포와 이웃세포 8개 중 산세포 개수의
합이 3개 혹은 4개라면, 다음 명령어를 수행
new_cell(i,j)=1;
% 행렬 new_cell의 (i,j)번째 원소 값을 1로 재 할당, 즉,
다음세대에서 (i,j)번째 세포는 산세포로 유지
else
% (i,j)번째 세포와 이웃세포 8개 중 산세포 개수의 합이
```

3개 혹은 4개가 아니라면, 다음 명령어를 수행
new_cell(i,j)=0;
% 행렬 new_cell의 (i,j)번째 원소 값을 0로 재 할당, 즉, 다음세대에서 (i,j)번째 세포는 즉은 세포로 변경
end
else
% 만약 행렬 old_cell의 (i,j)번째 원소가 죽은 세포라면, 다음 명령어를 수행
if (rule==3)
% 만약 (i,j)번째 세포와 이웃세포 8개 중 산세포 개수의 합이 3개라면, 다음 명령어를 수행
new_cell(i,j)=1;
% 행렬 new_cell의 (i,j)번째 원소 값을 1로 재 할당, 즉, 다음세대에서 (i,j)번째 세포는 산세포로 변경
else
% (i,j)번째 세포와 이웃세포 8개 중 산세포 개수의 합이 3개가 아니라면, 다음 명령어 수행
new_cell(i,j)=0;
% 행렬 new_cell의 (i,j)번째 원소 값을 0로 재 할당, 즉, 다음세대에서 (i,j)번째 세포는 죽은 세포로 유지
end

```
        end
      end
    end
    old_cell=new_cell;
    % old_cell에 new_cell을 복사
    pause(0.1)
    % 0.1초 일시정지
end
```

Figure 창 결과

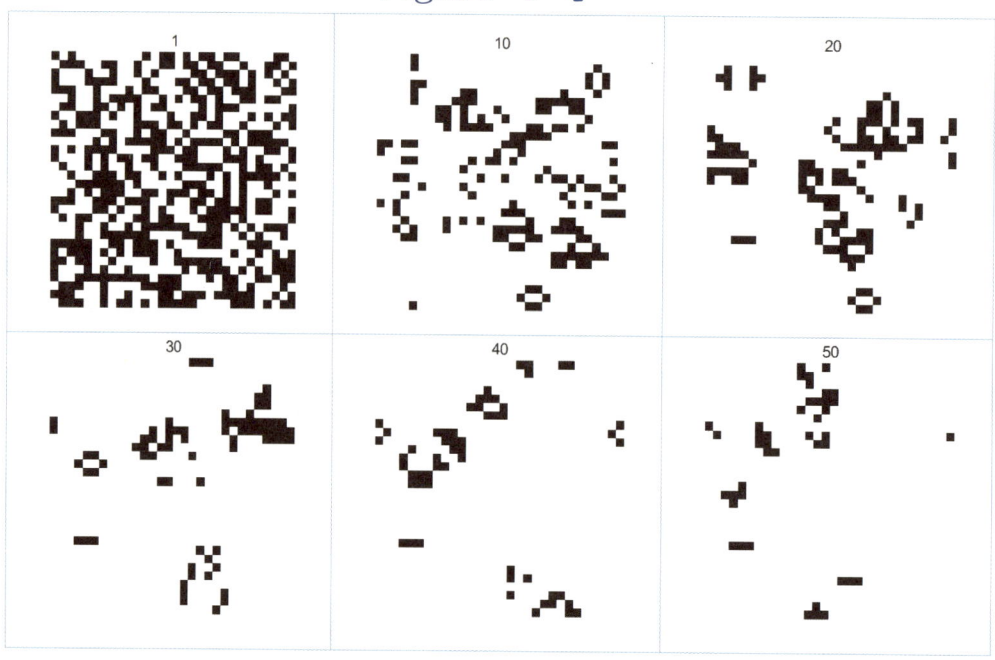

코딩수학 10

3D 라이프 게임의 규칙

3D 라이프 게임은 2D의 확장이며, 규칙은 2D와 유사하다. 2D 규칙과 다른 점은 한 세포의 이웃한 세포의 수가 26개이므로 다음 세대의 상태를 결정하는 기준이 더 커진다는 점이다. 구체적인 규칙은 다음과 같다.

[규칙 1] 죽은 세포의 이웃 세포 26개 중 6개의 세포가 산세포라면, 죽은 세포는 살아나고 그렇지 않으면, 죽은 세포는 죽은 상태를 유지한다.

[규칙 2] 산세포의 이웃 세포 26개 중 5개 이상 7개 이하의 세포가 산세포라면, 산세포는 살아있는 상태를 유지하고 그렇지 않으면, 산세포는 죽어버린다.

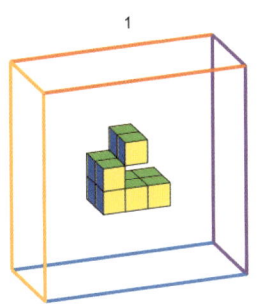

위 그림과 같이 초기 상태를 설정해서 3D 라이프 게임 코드를 작성해보자. 교재에는 그레이 색상으로 결과가 표시된다.

코드명: GameOfLife3D.m

```matlab
clear
nx=6;ny=11;nz=11;
old_cell=zeros(nx,ny,nz);
old_cell(3:4,5:7,5)=[1 1 1; 1 1 1];
old_cell(3:4,5:7,6)=[1 0 0; 1 0 0];
old_cell(3:4,5:7,7)=[0 1 0; 0 1 0];
new_cell=old_cell;
for iteration = 1:37
figure(1);clf;hold on
for i=2:nx-1
for j=2:ny-1
for k=2:nz-1
if (old_cell(i,j,k)==1)
X1=[i i+1 i+1 i];
Y1=[j j j+1 j+1];
Z1=[k k k k];
patch(X1,Y1,Z1,'g');
Z1=[k+1 k+1 k+1 k+1];
patch(X1,Y1,Z1,'g');
X1=[i i i i];
```

```
Y1=[j j+1 j+1 j];
Z1=[k k k+1 k+1];
patch(X1,Y1,Z1,'y');
X1=[i+1 i+1 i+1 i+1];
patch(X1,Y1,Z1,'y');
X1=[i i+1 i+1 i];
Y1=[j j j j];
Z1=[k k k+1 k+1];
patch(X1,Y1,Z1,'b');
Y1=[j+1 j+1 j+1 j+1];
patch(X1,Y1,Z1,'b');
end
end
end
end
title(num2str(iteration))
plot3([2 nx nx 2 2],[2 2 ny ny 2],...
[2 2 2 2 2],'linewidth',2)
plot3([2 nx nx 2 2],[2 2 ny ny 2],...
[nz nz nz nz nz],'linewidth',2)
plot3([2 nx nx 2 2],[2 2 2 2 2],...
```

```
[2 2 nz nz 2],'linewidth',2)
plot3([2 nx nx 2 2],[ny ny ny ny ny],...
[2 2 nz nz 2],'linewidth',2)
axis image off
view(70,20)
old_cell(1,:,:)=old_cell(nx-1,:,:);
old_cell(nx,:,:)=old_cell(2,:,:);
old_cell(:,1,:)=old_cell(:,ny-1,:);
old_cell(:,ny,:)=old_cell(:,2,:);
old_cell(:,:,1)=old_cell(:,:, nz-1);
old_cell(:,:,nz)=old_cell(:,:,2);
for i=2:nx-1
for j=2:ny-1
for k=2:nz-1
rule=sum(sum(sum(...
old_cell(i-1:i+1,j-1:j+1,k-1:k+1))));
if (old_cell(i,j,k)==1)
if (rule>=6 && rule<=8)
new_cell(i,j,k)=1;
else
new_cell(i,j,k)=0;
```

```
            end
        else
            if (rule==6)
                new_cell(i,j,k)=1;
            else
                new_cell(i,j,k)=0;
            end
        end
    end
  end
end
old_cell=new_cell;
pause(0.1)
end
```

코드설명

```
clear
% 메모리 초기화
nx=6;ny=11;nz=11;
```
% ($nx \times ny \times nz$) 격자를 만들기 위해 변수 nx, ny nz를 각각 6, 11, 11로 할당

```
old_cell=zeros(nx,ny,nz);
```
% 변수 old_cell에 원소가 모두 0인 ($nx \times ny \times nz$) 큐브를 선언, 경계에 있는 cell들은 주기(Periodic) 조건을 적용하기 위해 여분을 둠.
```
old_cell(3:4,5:7,5)=[1 1 1; 1 1 1];
old_cell(3:4,5:7,6)=[1 0 0; 1 0 0];
old_cell(3:4,5:7,7)=[0 1 0; 0 1 0];
```
% old_cell 중앙에 3d Glider 값으로 할당
```
new_cell=old_cell;
```
% 변수 new_cell에 큐브 old_cell을 복사
```
for iteration = 1:37
figure(1);clf;hold on
```
% figure 1창 활성화, 그림 초기화 및 그림 잡아두기
```
for i=2:nx-1
for j=2:ny-1
for k=2:nz-1
if (old_cell(i,j,k)==1)
```
% 만약 old_cell(i,j,k)의 원소가 산세포라면, 다음과 같은 그림 그리는 명령어를 수행
```
X1=[i i+1 i+1 i];
Y1=[j j j+1 j+1];
```

```
Z1=[k k k k];
patch(X1,Y1,Z1,'g');
Z1=[k+1 k+1 k+1 k+1];
patch(X1,Y1,Z1,'g');
% 윗면과 아랫면을 녹색으로 그리기
X1=[i i i i];
Y1=[j j+1 j+1 j];
Z1=[k k k+1 k+1];
patch(X1,Y1,Z1,'y');
X1=[i+1 i+1 i+1 i+1];
patch(X1,Y1,Z1,'y');
% 앞면과 뒷면을 노란색으로 그리기
X1=[i i+1 i+1 i];
Y1=[j j j j];
Z1=[k k k+1 k+1];
patch(X1,Y1,Z1,'b');
Y1=[j+1 j+1 j+1 j+1];
patch(X1,Y1,Z1,'b');
% 왼쪽면과 오른쪽면을 파란색으로 그리기
end
end
```

```
end
end
```
% 산세포는 박스로 표현하고, 죽은 세포는 표현하지 않음. 또한 테두리 세포는 출력하지 않음
```
title(num2str(iteration))
```
% 그림창의 제목을 변수 iteration의 값으로 출력
% 다음은 3d 라이프게임 공간의 윤곽선을 그리는 명령어
```
plot3([2 nx nx 2 2],[2 2 ny ny 2],...
[2 2 2 2 2],'linewidth',2)
```
% 공간의 아랫면
```
plot3([2 nx nx 2 2],[2 2 ny ny 2],...
[nz nz nz nz nz],'linewidth',2)
```
% 공간의 윗면
```
plot3([2 nx nx 2 2],[2 2 2 2 2],...
[2 2 nz nz 2],'linewidth',2)
```
% 공간의 앞면
```
plot3([2 nx nx 2 2],[ny ny ny ny ny],...
[2 2 nz nz 2],'linewidth',2)
```
% 공간의 뒷면
```
axis image off
view(70,20)
```

```
old_cell(1,:,:)=old_cell(nx-1,:,:);
```
% 큐브 old_cell(1,1:ny,1:nz)를 큐브 old_cell(nx-1, 1:ny,1:nz)으로 재 할당
```
old_cell(nx,:,:)=old_cell(2,:,:);
```
% 큐브 old_cell(nx,1:ny,1:nz)를 큐브 old_cell(2,1:ny, 1:nz)으로 재 할당
```
old_cell(:,1,:)=old_cell(:,ny-1,:);
```
% 큐브 old_cell(1:nx,1,1:nz)를 큐브 old_cell(1:nx, ny-1,1:nz)으로 재 할당
```
old_cell(:,ny,:)=old_cell(:,2,:);
```
% 큐브 old_cell(1:nx,ny,1:nz)를 큐브 old_cell(1:nx,2, 1:nz)으로 재 할당
```
old_cell(:,:,1)=old_cell(:,:, nz-1);
```
% 큐브 old_cell(1:nx,1:ny,1)를 큐브 old_cell(1:nx,1:ny, nz-1)으로 재 할당
```
old_cell(:,:,nz)=old_cell(:,:,2);
```
% 큐브 old_cell(1:nx,1:ny,nz)를 큐브 old_cell(1:nx, 1:ny,2)으로 재 할당
```
for i=2:nx-1
for j=2:ny-1
for k=2:nz-1
```

```
rule=sum(sum(sum(...
old_cell(i-1:i+1,j-1:j+1,k-1:k+1))));
```
% 규칙을 확인하기 위해 한 세포와 이웃세포 26개 중 산 세포의 수를 구함

```
if (old_cell(i,j,k)==1)
```
% 만약 큐브 old_cell의 (i,j,k)번째 원소가 산세포라면, 다음 명령어를 수행

```
if (rule>=6 && rule<=8)
```
% 만약 (i,j,k)번째 세포와 이웃세포 26개 중 산세포 개수의 합이 6개 이상 8개 이하라면, 다음 명령어를 수행

```
new_cell(i,j,k)=1;
```
% 큐브 new_cell의 (i,j,k)번째 원소 값을 1로 재 할당, 즉, 다음세대에서 (i,j,k)번째 세포는 산세포로 유지

```
else
```
% (i,j,k)번째 세포와 이웃세포 26개 중 산세포 개수의 합이 6개 이상 8개 이하가 아니라면, 다음 명령어를 수행

```
new_cell(i,j,k)=0;
```
% 큐브 new_cell의 (i,j,k)번째 원소 값을 0로 재 할당, 즉, 다음세대에서 (i,j,k)번째 세포는 죽은 세포로 변경

```
end
else
```

% 만약 큐브 old_cell의 (i,j,k)번째 원소가 죽은 세포라면, 다음 명령어를 수행
if (rule==6)
% 만약 (i,j,k)번째 세포와 이웃세포 26개 중 산세포 개수의 합이 6개라면, 다음 명령어를 수행
new_cell(i,j,k)=1;
% 큐브 new_cell의 (i,j,k)번째 원소 값을 1로 재 할당, 즉, 다음세대에서 (i,j,k)번째 세포는 산세포로 변경
else
% (i,j,k)번째 세포와 이웃세포 26개 중 산세포 개수의 합이 6개가 아니라면, 다음 명령어를 수행
new_cell(i,j,k)=0;
% 큐브 new_cell의 (i,j,k)번째 원소 값을 0로 재 할당, 즉, 다음세대에서 (i,j,k)번째 세포는 죽은 세포로 유지
end
end
end
end
end
old_cell=new_cell;
% old_cell에 new_cell을 복사

```
pause(0.1)
% 0.1초 일시정지
end
```

Figure 창 결과

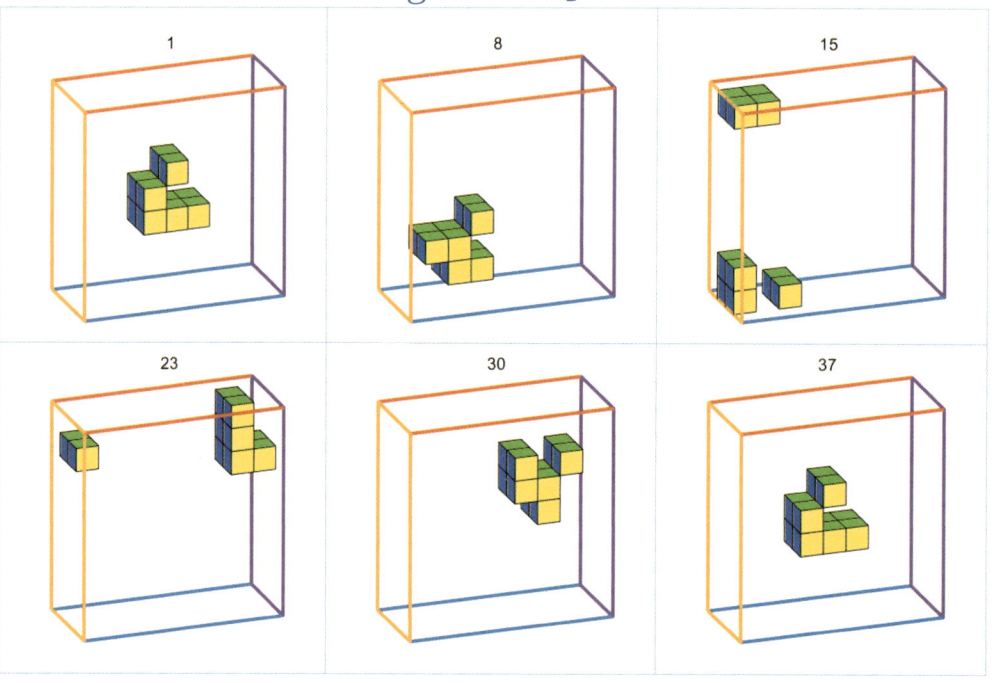

[참고 문헌]

[1] 박경미의 수학 콘서트 플러스, 도서출판 동아시아, 2013.